服装结构设计

Fashion
Pattern
Making

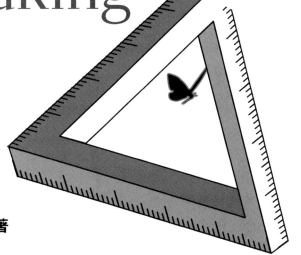

钟 尧 编著

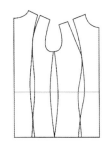 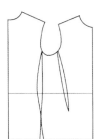 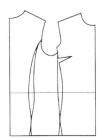 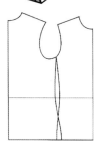

 化学工业出版社

· 北 京 ·

服装结构设计同时具有设计性和技术性两种属性，本书强调的是其设计性的属性。并致力于寻求一种共通性的服装基础结构为练习手段，强调平面和立体的一体性，以期帮助读者在服装结构设计上能更快更好地以全新的角度入门。

本书适用于服装设计专业的学生选用，也可作为服装设计爱好者的参考读物。

图书在版编目（CIP）数据

服装结构设计/钟尧编著. —北京：化学工业出版社，2018.9

ISBN 978-7-122-32371-2

Ⅰ.①服… Ⅱ.①钟… Ⅲ.①服装结构-结构设计
Ⅳ.①TS941.2

中国版本图书馆CIP数据核字（2018）第125671号

责任编辑：蔡洪伟	文字编辑：李 曦
责任校对：王素芹	装帧设计：张 辉

出版发行：化学工业出版社（北京市东城区青年湖南街13号　邮政编码100011）
印　　装：中煤（北京）印务有限公司
787mm×1092mm　1/16　印张6¾　字数161千字　2018年9月北京第1版第1次印刷

购书咨询：010-64518888（传真：010-64519686）　售后服务：010-64518899
网　　址：http://www.cip.com.cn
凡购买本书，如有缺损质量问题，本社销售中心负责调换。

定　价：42.00元

前言
FOREWORD

本书力求从服装结构设计艺术性的角度来讲解结构设计的训练方法。试图简化结构设计入门的学习路径，而着重于结构设计在运用表达上的创造性，强调在结构设计过程中的灵活性和变化性，提倡一种自由式的结构入门学习方法，以期在结构设计的实践中能活学活用。因此，强调基础学习方式和材料的简练性和有效性，强调设计训练的实践性和系统性，强调培养学习兴趣和学习主动性，强调培养人的判断力和创造力，以及要先入为主地培养立体造型的观念和习惯等，是本书成书的重要理念。以便"使每一件的服装材料不是被裁剪，而是被创造。"

本书中提出了感性思维这个概念，强调在结构设计中需要理性和感性思维的结合。也提出了熟悉面料对结构设计的重要性。因为服装结构不是一个单独的存在形式，它的设计形态的相关性被人们所熟悉，而它的工艺形态和面辅料材质的相关性却是常常被忽略的。

本书批判性地探讨了服装原型裁剪法的优势和劣势。并且从学习和训练方式的角度，阐述了驳样训练的重要性。对驳样方法的介绍可谓详细无余，用了较大的篇幅来介绍服装驳样的各种方法和实践技能。

另外也简要介绍了中式及东方式的裁剪法。这一裁剪形式有其独特的美学价值，完全可以与西式裁剪并驾齐驱。应发掘其应用的潜能以期被发扬光大。

随着社会和服装科技发展的趋势和潮流，重复性劳动的价值将越来越低，所以服装结构设计训练的着重点应放在其设计性的角度上，从提高判断力、对造型尺寸的敏锐度和提高美学性的设计观感等方向入手。在基础得到扎实巩固之前就学习很多的经典款式，以及在还没有多少经验的情况下就学习过多的规则，反而可能让初学者搞混许多概念从而欲速则不达。无论何种学习或训练，一旦失去方向和目标，所得的信息就是一种淹没和灾难。

有了正确合理的指导思想，再配合好的学习方法，才能期待在结构设计学习上有较快的成长。建立起数据和观感之间的联系，看到数据能预见成衣效果，这才是设计中有效的记忆形式和状态，是学习过程中的关键因素。

因此，本书结构设计的论述方式力求最简化、最基本、最少记忆和计算形式，内容力求简洁和概括，能活学和活用，并将控制篇幅。摒弃一般罗列式的说明和讲解，而注重在对基本原理熟练掌握的基础上，对款式解读以及变化设计的能力也即判断力和感悟力的培养上。

浙江农林大学

钟 尧

2018 年 4 月

目录
CONTENTS

第五章

驳样训练的意义及实例　070

第六章

东方式的服装结构　080

第七章

结语　093

附录　098

参考文献　101

第一章

绪 论

　　学习任何一个门类的知识和技能前，必须首先了解清楚所学的是什么。服装结构设计是服装设计专业中专门研究服装的构成形式、优化款式设计表达的一门极其重要的课程。其特点是入门易、精通难。

　　由于历史等方面的原因，以及服装结构设计学科发展过程中的技术化倾向的影响，服装结构设计表现形式和发展过程长期以来较为机械化和概念化。受"工"字不出头的传统观念的影响，从业人员的学历背景普遍不高，也是一种客观现象。以至于服装业内长期存在一个极大的误解：服装结构既然是技术，交给服装版师或电脑去做就可以了，学服装设计只需要学好款式图和设计理念表达，结构设计只要了解就可以了。认为只有学服装工程、做版师的人才需要学好服装结构设计，误以为设计师不需要精通结构设计，致使许多服装院校的教学导向偏离。许多服装院校的教师们和学子们，共同携手努力把这门课程当成了一种技术性的课程来教授和学习，造成学习的方式刻板、观念落后、学习兴趣低落，造成了很大的教学方向性偏离，甚至导致了消极的后果：大多数服装设计专业的学生对服装结构的理解不甚了了，严重的甚至直接放弃。岂不知服装结构设计是服装设计的一种重要的表现形式之一，不懂得服装结构如何能独立设计出好的服装款式？

　　服装结构设计（俗称裁剪）是服装设计中的重要环节和组成部分，是服装设计行业从业者的必备技能。需要经常使用这种能力的人群主要是两类：一类是服装版师的角色，为设计师或服装企业、设计工作室服务，做出别人设计好的款式纸样和样衣；另一类是服装设计师的角色，为自己的设计款式做出纸样或者在对服装结构的理解和把握的基础上做出相应款式的设计。服装结构设计的能力高低，对于设计师提高设计的有效性，支持设计师工作的独立性，以及对服装风格的把握和理解的深入性等方面都具有极其重要的作用。它决定了服装的品位和档次，是服装实现款式设计思想的重要步骤，是服装从设计到制作的中间桥梁和必由之路，是实现从平面到立体的重要里程碑，是一件服装设计成功与否的关键因素。

　　然而，对于如何有效地学习服装结构设计，长期以来缺乏清晰明确的指导观念。过去因客观条件的限制，传统上是以比例法入手的方式为主导。后来又师从日本的原型法，再到后来有欧美的立体裁剪等各种方法传入。但不管哪一种方法，最重要的是，学习者个人要有适合自己的方法理念和领悟能力。用公式法会使人的感觉迟钝，也不符合现代市场的发展趋势；用原型法也存在这个问题，原型法并不是放之四海而皆准的万应良药，并且本身亦有局限性，并不是一种适合初学者入门学习的方式；用立体裁剪法虽直观自由，但过程复杂，所需材料较多，不利于快速制作纸样，同时也需要具备较高的操作技能。所以需要结合这些方法的优势，来创造一种学习法，以期更快速高效地掌握纸样设计能力。

事实上，服装结构设计同时具有设计性和技术性两种属性。不过在本书中强调的是其设计性的属性。因此，这里试图从服装结构设计学的设计性来讲述结构设计，致力于寻求一种共通的、灵活易行的基础结构设计训练方式，以期对服装教学的观念和方向做出有益的探索和创新，帮助读者在服装结构设计上能更快更好地入门。

服装结构设计是感性和理性的统一体。我们必须了解结构设计与工业样板设计之间的区别，明确服装结构设计是一种特定的服装设计形式。因为服装结构设计就是服装设计的一种形式，它是服装设计能力的一个方面，是设计过程中一种不可或缺的形式和步骤，它不像工业样板设计那样是纯技术领域的技能。当然，做好工业样板的基础是先具备稳定扎实的结构设计能力，结构设计能力的高低基本可以决定纸样或样板的档次。所以必须走出结构设计纯技术的观念误区，才能更有效地学习服装结构设计。

众所周知，服装结构设计中有技术性的属性，其特点是约定俗成、强调继承和记忆，有固定的套路和规则可以遵循，但不是强调其灵活性和变化性。服装结构设计中设计性的特点是：没有固定尺寸和一成不变的规则，一切都是可变的和灵活的。尤其是对于设计性强、造型变化不同于常规的款式，允许而且应该有多种建构的可能性和不同的造型理解差异的存在。因此，在学习结构设计时应两者并重。但强调其技术性属性的书籍目前已经有太多的选择和很好的积累，所以本书主要遵循其设计性的属性来阐述。当然，对于一些经过长期的实践检验已有的固定结构形式，并且已经被广泛接受的经典款型结构，我们是有必要学习、了解和掌握的。但是，不能因此落入了另一个陷阱：只重记忆和模仿，难以突破其固有框架。只选用以各种经典款型结构为范本作为初学入门的学习方式并且占用大量时间，一打开课本发现密密麻麻的公式和数字，在初学者尚未建立基本观念和能力时，如此教学很容易诱导他们从一开始就失去信心，或在对结构设计的学习导向上产生误解，从而在学习的过程中走弯路。在学习的过程中养成兴趣看似是题外话，其实非常重要。因为从人的主观能动性上考虑，毕竟兴趣才是最好的老师。学习是一种主动探究的过程，兴趣可以使人克服前进道路上的重重难关，最终到达自由的境界。

有时我们对于一个很漂亮的服装款式造型，想研究或复制这个款式的样板，可是如果水平和经验还达不到，虽然可以复制出一个类似款式的纸样，但就是达不到原作的风采和神韵。当然如果在有条件的情况下可以买下原样衣，只要具备一定的驳样技术，就可以复制出基本与原作一致的款式。但一方面这类服装一般价格都不菲，完全靠购买花费巨大；另一方面也不是所有情况下都有现成的样衣可供参考和仿制，更多的时候我们凭借的只是影印资料，或者只是设计师的一种设计理念，理念并不一定符合现实状况，那么在这种时候研究版样，人的判断力和创造力就显得非常重要了。

还有一种倾向就是把平面结构设计和立体裁剪、电脑CAD和手工练习截然分开的做法，这也不符合时代的发展要求了。更何况，随着时代和科技的飞速发展，版师和设计师的角色及功能和工作性质都将发生天翻地覆的变化。科技的发展支持着后工业化时代的个性化定制的回归，设计师和版师的角色将是融合的而不是分割的，如同过去的裁缝一样包办设计和制版，而不是像工业化时代那样分工明确、各司其职。在不远的将来，在更高层次上，电脑三维立体制版将再次代替电脑平面制版，许多平面纸样结构设计的经验值将被电脑三维结构设计的经验值所取代，事实上，平面与立体在结构设计上本来就是不可分的。甚至是已经萌芽的三维立体制版技术一旦占据主导地位，那么学习的方式和方向都将发生天翻地覆的改变，技术性的技能将退居设计性和创造性能力之后。而随着电子化应用技术的不断深入，技术性的技能将不再神秘。过去由少部分人掌握的行业技术，借助电子软件和设备来实现后，将变得越来越普及化，人人成为自己的设计师也不再是梦想。因此，现阶段学习服装结构设计的重点将不再是记忆前人的经验或约定俗成的规条，而是训练人的判断力和创造力！

因此，本书的一个重要特色是：自由式的结构设计理念。这是一种以目标为导向的教学和练习方法：不再完全以掌握已有知识和前人的经验为导向，而是以训练判断力和创造力为导向，这也与社会发展的趋势和服装科技发展的潮流相符，那就是重复性劳动的价值将越来越低。具体来说，就是这种训练的方式，不是仅仅先让初学者学习背记和掌握普通的经典款式结构样本，然后再学习怎样变化。而是先把最实用的、当季流行款和设计款作为练习的范本，直接把实际创作或生产需要用的款式结构做出来。在做的过程中来学习一些服装结构设计上的一般规律和特殊规律，而且要尽量完成实样的制作来检验结构设计的合理性，也就是强调训练的系统性。因为很多的时装款式，本身就无法归类于某一类型的服装，可以从传统款式中找到结构参考依据。它可能是多种类型的综合或变异，也可能是一种全新的结构设计观感。所以这样做就既学习了结构设计的一般规则，也锻炼了学习者的感觉能力和创造力，提高了实战经验，是一种高效的学习训练法。同时也对教学者的个人能力提出了更高的要求和挑战。

因此，本书中有很多的结构设计示意图中，只列出少量数据甚至不列出细节数据，读者可根据所观察到的比例，加上自己的判断结合人台或人体实际情况来阅读使用。因为除了一些约定俗成的经典款式以外，结构设计图除非以实物来论证，否则本身就是一个参考而不是标准。这一点也可以从很多裁剪书上的尺寸错误及不合理上，印证作者的观点。所以说服装结构设计的学习需要一个完整的学习链，即用制作实样的结果来验证设计的优劣，这是似拙实巧的最合理有效的结构设计学习路径。这样做也是一个创举，突破固定数据的束缚，把更多的自由还给读者，让读者自己去判断使用，以提高尺寸运用的能力和对比例数据的判断能力，因为这种能力对于设计师及版师来说是非常重要的基本职业技能。对于经典款式的结构设计，重在理解消化而非机械式的记忆。因为这些款式一般都有工具书可以查询。所以训练的重点应在于其设计性，从提高判断力、对造型尺寸的敏锐度和提高美学性的观感等方向入手。

限于写作的主旨和篇幅，本书只列举了最基本的服装分类结构设计图，试图简化结构设计入门学习路径，而着重于结构设计的运用表达的灵活性和创造性，以期在结构设计的实践中能活学活用。

服装结构设计从学习和应用的角度看有两大任务：一是设计出符合人体体型及其活动机能性结构纸样的能力，这是从服装符合人体实用性的角度来说的；二是创造新款式、判断造型中各种数据和造型风格的能力，这是从款式的创新性及美学的角度上来说的。目前我们所处的时代已经迥异于过去：款式和流行度变化很快，个性化和差异化突出，很多款式早已不能用传统的款式来归类。传统服装的门类观念在时装上是完全被打破的，这就给我们的服装结构设计教学方式和体系带来了新的机遇和课题。

一般传统学习服装结构设计的方式是：先讲解一些最基本的款式或者经典款式，灌输一大堆理论和数据，或者先学习原型的制作方法，再讲解其省道转移等变化规律。然而这样的方式能适应现在的服装业发展趋势吗？在花费了大量时间和精力学习了西装、夹克、衬衫等常规款式之后，在面对某一款时装时，可能因无法把它归类于哪一类型的服装而让初学者有无从着手之感。因为这款时装可能综合了多种类型的服装特征：如内衣外穿、针织和梭织面料的混搭设计、合体式的外套风衣设计等。其剪裁结构上很可能也是非常规类型的，比如解构式的款式风格等。按照服装大类入门的学习方式缺乏灵活性，将很难面对这类时装纸样制作的挑战。并且，传统的结构设计学习方式对很大一部分设计者设计思路的束缚也有可能是致命的，不利于设计和结构之间的对接和相通性。因为科技发展等因素使得服装业的发展无论是设计、生产还是消费都呈现一种个性化的趋势，将来的消费者所面对的，是比现在的流行更加碎片化的更丰富多样的时装销售模式和市场。再者，在基础得到扎实巩固之前就学习很多的经典款式，并不是一个很好的入门方法。因为在还没有多少经验的情况下，学习过多的规则反而有可能让初学者把许多的概念搞混。无论何种学习或训练，一旦失去方向和目标，所得的信息就是一种淹没和灾难。

另外，在长期的地域和历史条件的作用下，结构设计产生了很多的流派和风格，都有各自对纸样结构设计的理解和制作方式，其中既有理解和方法上的不同，也有地域性和风格性上的差异。那么一个比较有效的途径是找到任何方法和流派的"公约数"——最基本的结构组成部分。这样就简化了结构设计的基础内容，形成一个最基本的框架。通过大量的实践练习去巩固这个基础。只有基础牢固了，变化的时候才有根基。在这样的基础上再做进一步的深入探究，方不至成为无本之木，设计的有效性才能得到保障，这是结构设计学习入门以及提高相应能力的捷径！

本书的指导思想主要是两个：一是打破传统的学习模式，打破平面和立体的界限（同时也要打破电脑和手工的界限，限于写作主旨，这个话题不在本书探讨范围内）。从一开始学习结构设计就要与人台结合使用，而不是过去认为的，要等到制作礼服等较为合体或垂挂性强、款式较夸张的时候才考虑用立体裁剪，才想到要使用人台。二是从特殊中寻找、归纳出一般规律。基础训练之后就要用流行设计款式做结构设计练习，即目标导向的练习模式。初学者因为经验缺少等原因，常常需要参考常规款式的设计制作规则，这时就可以去参考工具书。设计造型线条时应首先注重大体格局的准确性，宁方勿圆。在练习的过程中掌握一套系统的、可调节的、简练可行的和个人适用的方法很重要，因为方法是可以因人而异、不需要固定一致的。在此过程中掌握相关的常用数据以及对数据的感觉也是必要的。并且要培养出初步的判断数据和与效果相关联的能力。在直观的人台上试样的方法，可以有效地修正因主观能力不足而造成的造型感觉偏差。有了扎实的基础和自主学习的能力之后，再学习一些别的方法来作补充和扩展，就显得顺理成章，也容易掌握和消化了，才能够成为自我结构设计知识体系中的有益养分。

另外，还要了解定制与批量生产两种不同用途的设计方式对纸样要求上的差异。这种差异可导致不同的纸样设计形式和要求。需要批量生产的，制版样必须制作样衣并最终确定后才能投入生产，所以整套纸样要求完整和准确；而定制的纸样只需要制作者掌握制作的便利性，大部分时候可以自己灵活掌握，多数时候不一定要很完整，并可进行部分裁片试衣来协调纸样设计的完整度，纸样制作上也可以因人而异地预留可变量和宽容度，以便更快速、有效地制作纸样和样衣。

三种不同的裁剪法分类

一般来说，服装结构设计从形式上分类可归纳为立体裁剪和平面裁剪两大类。平面裁剪又可分为比例（公式）法和原型法这两种主要方法。原型法虽说是从立体概念而来，但本质上还是一种平面操作的方法。最理想的结果是以下三者之间的交互使用、融会贯通。因此本书中提出一种最简洁的"平面的立体法"的概念，这里所说的平面无关乎原型或非原型，而是指做纸样的每一步都要在立体上呈现和思考，使立体的概念在一开始就结合在平面上。以上提到的三种设计方式的特点对比见表 1-1 所示。

表 1-1 三种设计方式对比表

比例法	原型法	立体法
平面式直接法； 以衣为本数优先； 不适应现代时装业的发展，适合基本定型的款式，不易出错却易造成学习者感觉迟钝	平面式间接法； 以体为本数优先； 不适合初学者学习入门，适合普及服装结构知识，方便易用却不适宜深入提高	立体式直接法； 以体为本形优先； 直观形象，适合专业人士使用。材料准备及设计过程较复杂

过去由于服装式样不太复杂，裁缝们把西式服装分解后加以分析，积累起许多造型规则和计算公式，这是传统公式法（又叫比例法）裁剪的由来。但是，随着时代的发展，这种方式已经越来越不适应现代服装发展的现状和要求了。

由于科技的进步推动时装业的飞速发展，个性化的要求等导致服装款式的变化纷繁复杂、日新月异。国内服装工业的飞速发展及国际化程度的提高，在引入了日本原型法和欧洲立体裁剪技术以后，由此产生了原型裁剪的概念，基型裁剪也在此基础上产生，形成了现代服装结构设计体系理论。

原型裁剪法是在立体裁剪的基础上形成的平面裁剪方法。它以原型样板为绘图依据，根据服装款式的结构和造型要求，在原型的基础上，把复杂的立体操作转化为简单的平面制图。对各部位做放大、缩小、收省等处理，完成款式所需的结构设计平面裁剪图。

立体裁剪是在人体或人台模型上进行的一种裁剪方式。其优点是易于把握服装的款式造型，能解决平面构成难以解决的不对称、多褶皱等造型问题。因此，立体裁剪在礼服、婚纱以及一些高档合体型的女装上应用较多。立体裁剪起源于西方，是西方传统裁剪形式，所以在西方的服装界应用较多，而在东方民族服装中则相对应用较少。与中式的平面裁剪有着很大的不同，立体裁剪更注重服装的合体性和整体的服装造型效果。但由于立体裁剪所用的材料和条件准备较为复杂烦琐，所以不适合普及使用。

原型裁剪法的利弊观

国内的服装裁剪法在过去很长的时间里，一直都是以平面的比例裁剪法为主，且基本是唯一的服装裁剪方式。直到 20 世纪 80 年代引进日本原型裁剪法后，中国的服装制版领域才渐渐扩宽，之后立体裁剪方式也渐渐被设计师们所熟知和掌握。

原型裁剪法起源于日本，在很长的时间里风靡国内服装教育界，占据了服装结构设计教学的主流地位。其影响及热度延伸至服装业界并延续至今，大有继续领跑各种服装结构设计法之势。不可否认，原型裁剪法是一种很好的裁剪方法，也在现代服装结构设计的发展过程中起到过较好的引导作用。然而，过分夸大原型裁剪法的功效是不合适的，因其本身亦有局限性，所以才会产生许多种不同的原型类型和运用体系。每种原型的应用都有各自适用的体系和擅长之处，同时又有其局限性。要熟练掌握一套原型的裁剪法且能够应用至得心应手的程度并不容易。比如传统的中式风格纸样、几何式的、构成式的、垂荡式的等类型的结构，用原型来制作纸样就显得不合时宜。通过作者多年的结构设计运用实践和教学实践，本书试从以下几个方面来简要地分析原型裁剪法的优势和劣势。

首先，原型裁剪法的发明初衷是为了简化结构设计的过程，而又不失其直观性和有效性。但是这种方法却要求其使用者有丰富的立体和平面裁剪的经验，并且理解人体结构、熟知人体类型和人体尺寸。我们知道这种用基础样板来做裁剪的形式，最初是由很专业、很内行的一群人士创造出来的。对于这些基础很好的专业人士来说，运用原型裁剪法是没有问题的。事实上对于专业设计人员和经验丰富的职业人士，原型裁剪法的便利性和快捷性相当不错。因为对于他们来说，有人体和服装造型的概念和基础，能把握其中的比例、数量和造型的关系等。可是，对于刚开始学习服装基础知识的初学者来说，没有什么服装造型的概念和设计经验，在学习服装结构设计时，却要从这种间接的设计手段来逐渐得出经验，然后逐步掌握服装结构设计，这样做无疑是走了一条大弯路。

其次，以原型裁剪法为主的结构设计教学手段，其弊端是很明显的，尤其是在作为唯一的教学模式时后果更为明显。比如其设计的形式和过程相对较简化和固化，而易导致初学者思维僵化，缺乏直观的设计视觉等。尤其是不利于结构设计思维的拓展。举例来说：如果我们要学习摄影，我们会用傻瓜照相机，还是多功能单反照相机呢？用傻瓜式照相机当然方便省事多了，但对于摄影技术的提高却是不利的。当然，对于纯平面化的比例式裁剪方法而言，原型裁剪法是相对来说较为直观的一种方法。但较于立体法或是三维思维指导下的"自由式"的设计法来说就显出其劣势了。

日本的原型有很多种，如文化式、登丽美式、伊东式等服装原型，大多是配合其特有的、各学院自己研制的模型，而又有各自的一套应用理论和套路。不熟悉该套路的人，短时间内是达不到熟练且得心应手的程度。同时，如果一开始就从原型应用入门，初学者因为有了依赖，反而该有的简单适用的自我设计体系也没能建立起来。这一点值得国内服装教学界反思。

近年来，国内服装界也陆续开发了一系列的基型，其中既有对上述原型的模仿和简化，也有相对独立的理念，这是国内服装界的一个进步。但是，如果不结合我们自己的各种人体模型和立体裁剪法，以及其他方法的优点，不结合体型和种群特征，单纯使用所谓的原型裁剪模式，其弊端如上所述，虽然教学上和使用上简便了，损失的却是最重要的基础能力，不利于设计者的结构设计思维的拓展。尤其是服装专业的院校，无论是教师还是学生，一般来说其实践机会本来就较社会职业人士少很多，更需注重不同模式教学手段的穿插使用来获取和储备多方面的经验，而不是固定在某一种或几种原型的使用上。

而且，在结构设计学习的过程中，我们常不自觉地把它当作一种技术来训练，却不知结构设计就是服装设计的另一种形式，其作用和目的有别于服装工业样板的训练。所以，除了应该坚持服装结构设计学习的系统性之外，还应该注重灵活性和创造性，重视思维能力即悟性的培养，才能举一反三地灵活运用所学的知识和技能。否则就无法深入地处理结构设计中的问题，导致思维僵化等弊端，设计各类新颖款式时不易灵活变通处理。

因为对于初学者来说，原型的使用使得其对于纸样上很多的结构点和造型线放松了该有的训练体验。因其本来就对结构点的认识不清楚、体会不深刻，此时不能轻易放过去，必须重点强调，正视和认真对待这些基础结构点和造型线，以及这些点和线的变化规律，结合立体或平面方式综合来运用。如此，就让学习者在学习过程中牢牢打下了结构设计的基础。在这一点上，传统的结构设计法的某些做法值得借鉴，但需注意扬弃式的应用。因为传统方法虽思路清晰，不会出错，但却容易导致学习者的感觉和形象思维迟钝，这在现代时装的结构设计领域里是极不合时宜的。反之，如果对于纸样结构点和结构线的认识不清，虽然好像学了不少纸样设计法，也做了一些纸样练习，但由于学习不扎实，概念不清晰，那么纸样错误频发也就不奇怪了。而且在做新款结构设计时缺乏举一反三的能力，这不能不说是结构教学指导思想上的失误造成的。这样的学习者在理解放码的时候，也会出现很大的理解障碍。因为放码需要在各结构点上做出放缩依据量，而对于结构点的理解在结构设计中的作用非常重要，但这些结构点如果在立体上呈现时就比较直观，就易于理解和掌握。

综上所述，作者认为最好的结构设计入门方法，宜从立体为主的方式入手，立体与平面结合，充分利用传统方法的优点，并辅助使用原型的方式为好。这里的平面指的是立体的平面法而不是传统意义上的平面法。原型或基型可以作为一个辅助手段来用，也就是利用立体裁剪法的直观和形象，比例裁剪法的规则和严谨，原型裁剪法的简便和易用，结合这三者的优势，达到融会贯通的境界，就可达到由悟达化的升华境界。而不是一开始就局限于某一种方法的桎梏。

练习的方法主要应通过实际训练来发掘和发现自我的能力，而不是背记知识点。因为知识都会随着时代的变迁而过时，而通过学习提高判断和感悟的能力，才是真正的服装结构设计的能力。因为最终一个设计师的结构设计水平如何，主要是看他对于款式造型和比例尺寸等的判断和把握，并综合款式设计和工艺等方面的设计，在此基础上解读设计风格能力的高低。各种方法、套路、公式、计算、规则等都只是起步学习时的"拐杖"而已，需要在进步的过程中不断扬弃，真正需要提高的是综合设计能力和审美修养，并逐渐在此基础上形成自己的设计风格。因为记性不等于悟性，知识不等于智慧。正如识字多的人不一定写得好文章是一样的道理。

平面思维与三维立体思维的观念差异对结构设计的影响

因为文化和历史的原因，东方民族的特点是重意念不重具象。如果把中式裁剪比作是需意会的水墨画，那么西式裁剪就是严谨的写实油画。而我们现在一般意义上的所学所用的纸样都是西式裁剪。西式裁剪法教学一般是以立体为主，平面为辅，中式裁剪法教学一般是以平面为主，立体为辅，因此我们东方民族的学习者尤其应该注重三维立体思维在纸样设计中的培养和运用。以捏省道和做省道设计的方式为主要或唯一手段的，就是典型的平面思维在纸样设计中的体现，以塑形、做软雕塑、处理裁片和裁片之间的'量'为主要设计手段的，才是三维的思维方式。

一般来说，人们会认为要做出立体造型的服装，能用好服装原型或基型，运用原型裁剪法或基型裁剪法就可以了。另外，由于受原型裁剪方式的影响，人们会认为做出立体造型的关键是处理好省道，如果设计师能熟练掌握省道的运用就很好了。其实这里面有个很大的误区，因为如果一个人的构形思维方式是平面的即两维式的，那么无论用原型法、公式法，甚至是立体法，都可能做出没有很好立体感和适体感的服装。反之，有很好立体观念的设计师，即便在平面上操作，也能做出很好的立体感的作品。如果初学者的思维方式不先树立起来，观念上先入为主地走偏了，那么即使运用的手段和工具是立体的方式，做出来的效果仍然是平面的。

结构设计学习的方法论

（1）理论和实践的关系

走进图书馆或书店，服装结构设计类的书籍琳琅满目。那么多的书讲述服装纸样要如何制作，那么多的规则、方法、计算、数据、套路等，初学者可能一开始会被搞得头晕目眩。当然，最初入门时记忆一些规则和数据是有必要的，但必须要知道这些规则和数据不是死的规条，要尽快地进行扬弃，淘汰不必要的，留下自己较应手的，要注意不要让这些东西成为设计上的羁绊，要注意不断提高自己的判断力和感悟力。让我们想象一下最初的设计师是如何工作的，一定是没有这些条条框框的，多数情况下是先凭直觉来设计，数据上的运用也多是感性的和立体的。后来为了适应工业化的需要，要制作样板来适应批量化的生产，然后就渐渐地有了一些规则出来，为了提高效率而在平面上，按照一定的经验来设计纸样。在不断完善的过程中，因为地域和信息传播等方面的局限，就出现了很多的流派和风格。但是每一种流派或风格都不可能是完美的，只能是相对合理的。尤其在时装设计领域，判断力和感悟力、把握造型和风格的能力以及灵活处理的适应能力，要远远大过对一些规则的死板遵守和运用。毕竟，制定规则的目的不是为了遵守而是为了打破和超越，并且规则也会随着科技的发展、时代的变迁以及人们认识的提高而在不断变化发展中。比如，在弹性面料大量被应用的最近的 10 ~ 20 年中，许多尺寸的运用规则发生了变化。此外，工业新机械的发明、新型面料的问世、电子技术等高科技的发展、斜裁的运用等，都会使结构设计规则有革命性的改变。所以学习服装结构设计，首先需要的不是很多的公式规则和数据记忆，而是要求理解、重感悟和提高判断能力。对于长度、宽度、深度、弧度等造型及比例的把握力求不断提高，对造型的观念有恰当的认识和理解，以致有能力做出创造性的高质量设计。

所以说并不是规则记多了、方法用熟了、对数据熟稔了、实践的次数多了、经验丰富了，结构设计的水平就一定很高了。虽然这些实践经验和能力都需要，也有一定的必要性，但都不是最关键的。最关键的服装结构设计能力是：对服装设计的风格解读能力，感悟判断造型和把握尺寸数据，创造性地运用各种手段，结合特定款式和工艺进行设计的能力，以及其中所体现出来的每个设计者个体背后的个人修养和艺术功底，这才是真正的纸样设计能力。有了这个正确合理的指导思想，再配合好的学习方法，才能期待在结构设计上有较快的成长和发展。

（2）系统性的学习观念

将结构设计放在整体的服装专业的角度和背景下来看，就是阅读和分析设计，然后做出结构纸样设计，再完成工艺制作，来检验之前对款式的分析和结构设计制作上是否到位。或者以服装结构知识和经验为依托，根据流行趋势和文化等背景设计出新款服装。服装工艺和结构不能分家，有些款式，不懂工艺甚至无法做出结构设计。另外，还需要发挥学习过程中悟性的功效，系统性的训练加上悟性（即总结和归纳并升华），这就是最大的捷径了。这是似拙实巧的经验之谈。书本是前人总结的理论和教条，实践经验是感性体验和理性分析的总结和归纳，悟性是感悟和归纳的升华，借鉴是他山之石。一般来说，在结构设计过程中理性思维和感性思维同时存在。有人较重理性，也有人偏重感性。理性的优点是精确严谨，但是会显得僵硬；感性的优点是随意自然，有艺术感，但是有时会显得不够规范。但不管是理性还是感性，两种思维过程都是存在的，要注意尽量做到扬长避短。

因此，在学习时需有一个简洁可行的思路和套路，逐渐形成知识和能力有机的知识树结构。具体来说就是学习和训练要有系统性和完整性。古人云"大道至简"。这个"简"绝不是简单，而是凝练后的结果。其实对于初学者，最有效的学习方法是，不断地重复，在最基本的结构构成原理上下功夫，初期阶段多磨炼基本功是磨刀不误砍柴工。在基本功还不稳固的时候做许多不同理念的结构设计训练，学习太多不同体系的结构知识，反而容易把一些观念搞混，造成欲速则不达的结果。

现代的服装设计教学是对设计师技能的细化和分解。而到了信息时代，为适应快速多变的个性化的时装市场趋势，一定程度上有必要回归传统的技能培养的体系，恢复师徒模式在某种程度上的优势和效率。同时变被动学习为主动学习，从实践中学习和归纳理论。还必须形成学习的检验体系。只是不断地在纸上画出纸样是标准的纸上谈兵，必须注重制作实样来作为检验，这个过程才算完整，结构设计水平才能得到较快的提高。入门的过程如陈善（宋）所说："读书须知出入法，始当求所以入，终当求所以出。"入门时虽以接受为主，但指导思想很重要，不能盲从，要有探究的精神和态度。先入后出，逐步发展出自己的风格和体系。能化繁为简的才是高手，把简单的事情复杂化的是庸人，学会简单才叫不简单。

（3）三维的思维观念

因传统文化和审美观念的不同，东方人缺少三维立体的理念是一个不争的事实。比如中式的大身裁剪就是前后片围起来而没有侧身的观念。而原型预设省道的方式，很大程度上实际是误导了初学者，以为立体造型是单由省道的设计而来。是否拥有三维的设计观念也不在于所用的材料和方式。三维和二维不是一个递进的步骤，好像需要先学会平面的才能再学习立体的。正确的观念应该是：初级的平面（二维）和立体（三维）观，或高级的二维和三维观，平面和立体是平行的关系而不是递进的关系。不能深刻理解立体的人也不能很好地理解平面上线和面的关系。三维的观念应该被学习者先入为主地接受，才能在今后的学习中少走弯路。

（4）论犯错和主动学习的心态

人在学游泳的过程中都会呛水，没有人从不犯错误就能在所属领域里登堂入室。但是犯错要犯得有价值，要认真对待，勤于思考。真正的懒惰是只动手不动脑的人。主动学习的心态也可以称之为目标导向的学习方法，并且要有意识地培养兴趣，这也是一种必需的心理预备。学习的过程甚至可以是快乐的，因为兴趣是最好的老师，也是伴随着学习者走过艰辛的训练过程的内在驱动力，有着积极的自我暗示的作用。

（5）论驳样学习的重要性

结构设计的训练大致就是这几种方式：一是按照设计图手稿或照片打纸样；二是按照成衣驳样；三是创造性地独立设计款式和纸样。这三种方式的穿插练习，能最大限度地提高结构设计的能力。驳样的过程是对于一件服装的结构设计进行反向推理的过程。我们大多数人可能没有机会学习到各种不同的结构设计方法，或和很多的设计师进行深入的交流。但是驳样提供了这样一个机会，在像庖丁解牛一样的过程中，驳样者似乎可以和设计师进行交流，阅读设计师的设计语言和思维。可惜的是很多人都不重视驳样的学习，而只是把它看作一个获利的渠道和抄款的捷径去驳款，没有把它提高到结构设计学习方法的高度上来认识。解构和读透几个好版型，对于不同阶段的水平的提升其实是有很大帮助的。

服装结构设计能力等级描述

下面是作者个人对服装结构设计者能力的一个归纳和描述。因为这种能力没有可以量化的标准，所以这个描述是比较抽象的。目的只是帮助学习者有一个自我能力判断的对照标准，以及发挥想象力设立自我努力的方向。见图1-1所示。

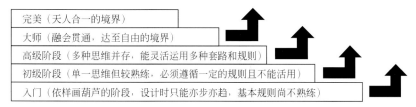

图1-1　服装结构设计能力描述

在入门阶段和初级阶段，初学者需要遵循一定的方法，严格按照步骤和数据进行设计，较少变通和灵活处理，是蹒跚学步的阶段。逐步跨入了高级阶段，这时候制样设计的过程中有多种思维方式并存，可以灵活运用各种处理方法，并且在一定程度上是靠判断和理解进行。到了更高级的阶段，那就是已经融会贯通，无论工艺和结构从各个角度都可以信手拈来，已经达到自由的境界。

设计感言花絮

'If you put out your hands, you are a laborer; if you put out your hands and mind, you are a craftsman; if you put out your hands, mind, heart and soul, you are an artist.'

——《American Heart》

'We are what we are repeatedly do. Excellence, then, is not an act, but a habit.'

——［希］Aristotle（亚里士多德）

"一流的版师将成就二流的设计师，二流的版师可毁掉一流的设计师。"

——设计师语录

"如果一种品牌的衣服被人第一次选择，有可能是款式设计师的功劳；但如果这种品牌的衣服反复被同一个顾客购买，那一定是结构设计师的功劳。"

——设计师语录

"服装设计表现的是时尚，而服装结构表现的则是服装的灵魂。"

——［法］Michel Natan

思 考 题

1. 如何理解服装结构设计的技术性和设计性两种属性？
2. 什么是自由式的结构设计理念？
3. 怎样做才能系统性地学习服装结构设计？

第二章

服装结构设计入门

第一节　量体和熟悉人体结构

1. 人体测量

人体是我们设计和服务的对象和依据。量体的能力和准确性是结构设计的基础，离开了对人体的认识来谈结构是荒谬的。因此，我们不仅要学会正确地观察和测量人体数据，更要学习判断人体的构成与纸样设计的变化规律，学会分析归纳人体的类型。其中对标准号型系列的学习有助于了解一般人体的规律。但是也不能只限于这些标准化的数据采集，还要注重大量的对实体的量体观察、了解及判断。人体测量项目见表 2-1 所示。

表 2-1　人体测量表

人体测量项或服装测量项		英文名	测量数据	
			女体尺寸参考 GB 160/84A	男体尺寸参考 GB 175/92A
1	胸围	Bust	84	92
2	腰围	Waist	66	76～78
3	臀围	Hip	88～90	92～94
4	下胸围	Under Bust	74	
5	全身长	Full Length	160	175
6	全肩宽 / 肩宽	Across Shoulder	38～39	45～46
7	小肩宽	Shoulder Width		
8	颈围 / 领围	Neck	35	38
9	前胸宽	Chest Width	31～32	36～37
10	后背宽	Back Width	32～33	39～40
11	前腰节	Front Waist Length	40	44
12	后腰节	Back Waist Length	40	46
13	颈椎点高	Back Neck to Hem	136	149
14	背长	Back Length	38	43.5

人体测量项或服装测量项		英文名	测量数据	
			女体尺寸参考 GB 160/84A	男体尺寸参考 GB 175/92A
15	胸高	Bust Point	24.5	25
16	胸距	Bust Span	18	
17	胯围	High Hip	82～84	
18	臂根围 / 袖笼围	Arm Hole	—	
19	臂长 / 袖长	Sleeve Length	51	57
20	臂围 / 袖肥	Muscle/Biceps	24～25	32～33
21	上臂长 / 半袖长	Elbow Length		
22	腕围 / 袖口	Cuff Width	14～15	17～18
23	掌围 / 袖口	Around Hand	21～22	25～26
24	头围 / 帽口	Head Size	56～58	58～60
25	腰高	Length of Waist	98	106
26	腿长 / 裤长	Trousers Length	100	105
27	臀高 / 臀长	Hip length	17～18	17.5～18
28	大腿围	Thigh	52～54	56～58
29	膝盖围 / 中裆围	Knee	34～35	37～38
30	小腿围	Calf	31～32	35～36
31	膝盖长	Waist to Knee	45	50
32	脚口围 / 裤口	Ankle/Slacks Bottom	22～23	24～25
33	足围	Foot Entry	28～29	31～32
34	全裆长 / 前后裆长	Crotch Length	63	66
35	前裆弧长	Front Rise	28.5	29
36	后裆弧长	Back Rise	34.5	37
37	上裆长	Crotch Depth	24.5～25	27
38	下裆长	Inside Seam	68	75

注：空白部分表示未采尺寸部位。如女体有下胸围尺寸而男体没有，或一般国内习惯是不采尺寸的部位，如小肩宽、上臂长等。

2. 工具的使用

"工欲善其事，必先利其器。"这里介绍的工具有必备工具和选备工具之分，必备工具是指制作纸样时必须要有的工具；选备工具则根据个人喜好和习惯来决定。建议初学者工具宜少不宜多，尤其是曲线尺的使用上。工具少则可以将精力集中于所做的纸样设计，并且可以锻炼和培养判断能力，而不是依赖工具来做出造型线。

必备工具：标准人台、大头针、锥子、裁缝剪刀、标示带、放码尺、自动铅笔和橡皮、滚轮、牛皮纸、软尺、蜡片、白坯布等。见图 2-1。

选备工具：丁字尺、眼刀剪、打孔器、定型尺、各种曲尺等。见图 2-2。

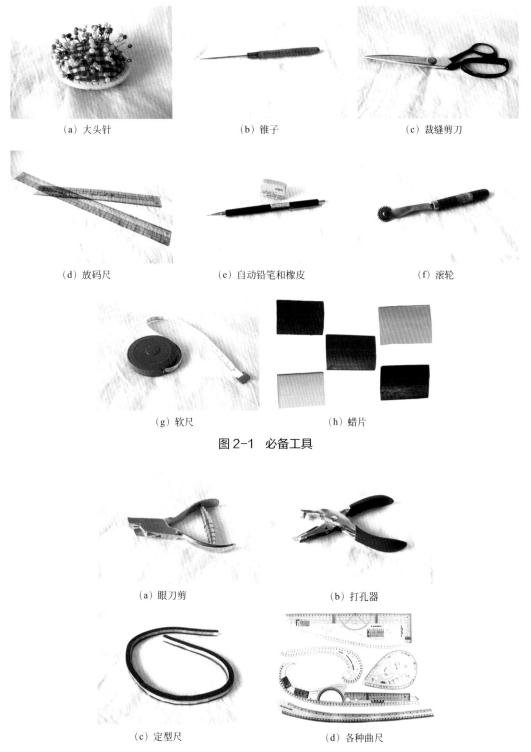

(a) 大头针　　　　　　　　(b) 锥子　　　　　　　　(c) 裁缝剪刀

(d) 放码尺　　　　　　　(e) 自动铅笔和橡皮　　　　　(f) 滚轮

(g) 软尺　　　　　　　　　　(h) 蜡片

图2-1　必备工具

(a) 眼刀剪　　　　　　　　　　(b) 打孔器

(c) 定型尺　　　　　　　　　　(d) 各种曲尺

图2-2　选备工具

　　学会利用工具书也是一个很重要的学习工具和途径。比如通过学习服装号型系列尺寸表，有助于通过间接途径了解人体的一般比例、尺寸数据和归类方式；还可以通过工具书来学习一些传统经典款式的纸样。因为不同的方法之间有一定的共通性和互补性，有助于从各个不同的侧面去了解同一个事物，从而有助于综合能力的提高。

Tags：用最简洁的方式，最简单的工具，创造最优美的款式结构造型。

3. 了解人体结构特征和分类

熟悉人体结构需要学习人体艺用解剖学、人体工程学等，才能运用好结构设计中的造型线，提高对结构造型设计的敏感度。要做好纸样设计离不开对人体的观察、熟悉和了解，对人体模型的研究和人体工程学的研究，以及对优秀版型和传统经典款式的观摩研究，研究其构成是如何体现人体美的等。这些学习过程为我们提供了有益的经验和指导。

服装结构分类：上装、下装、连身装。这样的分类法简洁直观，无论从学习的角度还是从现代服装结构体系的角度来看，都是更可行的分类方法。

服装的基本结构见图 2-3 所示。

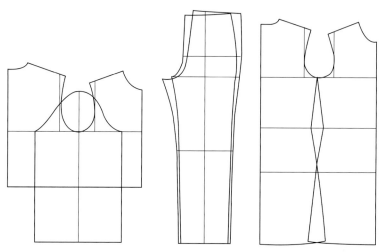

图 2-3　服装的基本结构

第二节　服装基本结构概述

1. 服装结构的整体平衡关系

（1）大身前后片调节

东方体型：前身片略短于后身片，胸部较低较小，身体正面较宽而侧面较窄，正常体偏前倾。

西方体型：前身片一般长于后身片，胸部较高较大，身体正面窄而侧面宽，挺胸体较多。

虽然有不同的个体差异存在，但是平均的体型差异东西方是很明显存在的。除了地域和种族差异外，还有地区差异、人群差异和个体差异等。所以个性化定制需要分别对待，也就是所谓的一人一版；而批量生产则要求做出一定的号型归类，使之适合于一定的体型范围。

前后片的长短调节：一般的东方女性人体因为胸部较小，形体偏前倾，所以后片略长于前片；而欧美女性体的版型正好相反，前长而后短。而当纸样是宽松型造型时则前后片长度趋向于一致。

前后袖笼深：一般来说后袖笼深要大于前袖笼深，是因为人体的特征和运动规律，以及前后袖笼弧长和前后侧缝长要在此处进行调节的原因。

前后宽的对应关系：前宽一般小于后宽，这是由人体的运动规律和形体特征所决定的。只有少数情况下前宽大于后宽，如模特形体的人体特征等。

侧缝线：前胸的侧省和袖笼深，以及侧长（侧边至下摆处）起到调节前后片的长短和造型的作用。

（2）围度放松量分配

• 按比例的原则：各种围度的放松量，如腕围、袖围、胸围等放出松量的时候要按照一定的比例，以使整个款式比例协调。

• 按设计效果的原则：如果有特殊的造型要求，可在效果图和设计说明的指导下，不按照协调的比例放出松量，以达成特殊的设计效果。

• 三围的放松量：人体的三围——胸围、腰围、臀围的放松量一般不能按照平均的比例放出，因为人体的活动规律是：在这三个部位中腰围的活动幅度最大，所以放量要比胸围和臀围略大。而胸围和臀围的活动幅度相仿，如无特殊要求可以均匀地放出。但是特殊情况除外，可以自由地进行放量。

（3）袖山造型分析

袖山的造型特别要注意的是：在静态和动态下的袖山造型正好相反。很多人因为受原型袖纸样的影响，就把袖山设计成前高后低的造型。而实际应用状态下的袖子纸样几乎都是后高前低的，这是因为人体手臂通常都是向前运动的规律所致。

（4）裤、裙结构的平衡

裤中线不是一条轮廓实线，是一条最重要的辅助线，几乎每一个部位和线条的设计都与之相关。所以，掌握好这条线是裤子设计成功的关键。而裙子也可以看作是由裤子变化而来，或者说两者是可以互相转化的，所以理解和掌握这条线对于裤、裙的设计都是至关重要的。

（5）对称和互动的结构关系

主要有以下这些部位：袖笼和袖山；前后袖底缝；前后肩缝；前后侧缝；领窝与领底；前后开领宽；袖口和克夫；育克的上下片；裤子与裙子的上下腰口；前后裤缝（侧缝与内档缝）；背宽和胸宽；等等。这些对称的部位是不能孤立去对待的，设计或修改时要随时考虑到它们联动的对应关系，而同步进行设计或修改。

2. 省道的处理与分配

（1）省的概念与意义

当二维的布料覆盖于三维的人体时，由于人体有凹凸起伏和围度的落差，所以需要设置一定的宽松度和适体度，决定了面料需要以一种集约的形式来处理，这样便形成了省的概念。省道的种类有胖形省、瘦形省、橄榄省和弯形省等。另一种省道的处理形式是褶裥，例如：抽褶、阴褶、阳褶、单边褶、风琴褶等。这两种处理形式常常互相转化，如省道转抽褶，连省带褶等。省的设计和运用一定程度上使服装造型由平面走向了立体。

（2）省的转移及其设计位置

省的转移是省道技术运用的拓展，使服装的造型设计走向多样化。需要注意的是：省道转移是从原型裁剪特有的概念引申而来，所以如果使用原型裁剪法，如有需要先转移好省道，再设计轮廓线及其他部位。省量一般也不需要全部转移或运用，一般的款式用全省量的1/3～2/3。胸部是球面而非锥面，所以省尖点要离胸高点有一定距离。

省道转移的原理遵循的是凸点射线的原理，即以凸点为中心进行的省道移位。例如围绕胸高点的设计可以引出很多条省道，如胸腰省、肩省、袖窿省、领口省、前中心省、腋下省等，都是围绕着突点部位对余缺部位进行的省道处理形式。此外，肩胛省、臀腰省、肘省等，也都可以遵循上述原理结合设计进行省道转移。要注意的是肩胛省由于其特殊的形状，转移省道的时候不能自由地进行。

（3）省道量的分配运用与款型风格

由于对放松度要求的不同，省量的使用也不同。比如一般情况下，省量从大到小的顺序依次是：文胸——内衣——衬衣——外套——风衣——披风/斗篷。省道使用的部位和要求不同，省道的形状和大小也大不相同。总省量的使用根据款式风格的不同而不同。值得注意的是：过分强调胸部的设计是礼服的设计手法。休闲装、正装和礼服等品类服装的廓形风格是截然不同的。

3. 服装的造型线：结构线和设计线

在服装结构中，有必要区分和强调两种不同功能的内轮廓线：造型线和分割线，或称为结构线和设计线。因为两种不同的服装结构设计方式、功能和方法迥异，在结构设计训练的初期区分清楚与否，将极大地影响其后结构设计上的学习效果。

（1）结构线

首先，正确了解和掌握服装的框架结构是极为重要的，因为它构成了一件衣服造型的骨架结构，其重要性就如一间房屋的栋梁结构一样。

其次，是在结构框架中设计出符合人体特征、活动规律及款式要求的造型线或分割线。其中有一部分分割造型线与人体结构紧密相关，有时需要多次分步骤完成或以立体方式处理，这种类型的造型线称为结构线。因其合理与否关系到设计的合理性和穿着时的舒适性，有外轮廓线和内轮廓线之分。只要符合上述特征，即可称之为结构线。结构线在纸样设计形式中扮演着极重要的角色。在学习结构设计的初期，应先从大的框架结构入手，熟练后再导入其他功能性的内分割线造型设计，然后再逐渐进入细节部位的设计。

如图2-4中，其结构造型的线条，无论是外轮廓线还是内分割线，大都具备结构上的意义，也就是说包含了为处理人体体态特征、活动性特征等原因而设计的"量"。需要特别注意的是，这个"量"不仅仅指省道量。一般常见的这类设计有公主线、育克线、刀背缝等。尤其是当分割线通过或近似通过如胸高点、肩胛骨、臀高等部位时，都必须首先考虑款式中应包含的"量"。当分割线远离上述部位时，也可以考虑包含这个"量"，只是要相对地减少这种"量"。因为这对应于人体各部位的特征和功能，所以适当地处理这个量，直接影响着此款服装的服用功能性和观赏性。此外，款式的风格特征也是安排做这类线条的设计形式时要考虑的重点。

（2）设计线

在结构设计中，还有一种类型的分割线或造型线设计，其存在是无关结构造型功能性的，而仅与其设计意图有关。比如拼贴式的分割或设计，有时仅仅是为了拼色、拼花或拼合别种面料的拼接设计，或是仅仅为了视觉上的效果而设计的，其中未隐含任何功能性的考虑。对于此类设计，我们应注重的是：设计时分割所造成的面积和数量上的分量感、材料或颜色上的重量感、设计的时尚感等。这是一种比较感性类型的造型线设计。

图 2-4　服装的结构线和设计线

（3）结构线和设计线的统一

在实际的款式结构设计中，有时是以结构功能设计为主；有时是在简单的结构框架之下以丰富的设计分割的方式呈现；也有时结构线和设计线重合，同时包含两种功能。这种二合一的结构设计是一种富有内涵的高效而简洁的设计风格，值得我们在结构设计中首先考虑并恰当地加以使用。

综上所述，在设计实践中，结构线和设计线这两种类型的设计方式常常不是泾渭分明的，而是"你中有我，我中有你"的关系和格局，完全单一化的设计比较少见。然而，要想处理好这两者的关系，首先必须在初学服装结构设计时明白服装框架知识，熟悉人体的构成和特征、服装结构的运动功能和规律等知识；其次是在结构线造型设计合理的基础上，在设计实践中结合款式设计意图来恰当地进行综合运用，这是结构设计质量提高的富有效率的途径。

4．结构设计中平面和立体的关系

服装结构纸样一般都是由大小不同的裁片组成。这些裁片都有平面和立体两种制作过程和呈现方式，它们之间的关系是：立体由平面的形式构成，平面是立体的解构状态。虽然最后的成品是立体的，但是制作的形式和过程却大多是平面形式的。立体依靠平面形式表现出来，平面是立体的过程和依归。无论是平面还是立体都是手段，都可以相互依存和转化，缺一不可。而且光有平面和立体也是不够的，因为人体不但是立体的，更是时间和运动维度下的产物。所以二维和三维的手段都是为更高的设计目的而预备的基础。

受制于初学时的平面制图方式的影响，许多人在结构设计中固化了观念，认为服装大身都是由前片和后片组成。即便是八片式的款式，也是前四片和后四片式的分配。裤子都是由前片和后片组成的。虽然这是大多数服装的共同特征，但是在时装设计领域，作为设计师，需要从观念上和思维上破除这一固有观念。如果我们仔细地去观察一些流行的外版服装，其新颖的非常规结构的设计方式常令人耳目一新。以此为例来思考一下，是否因多数人如此考虑服装结构设计而造成了服装造型的单一化？作者认为，这一固化的思维也正是典型的平面二维思维的表现之一。

二维思维的典型表现之二是：设计结构造型时只考虑或是重点考虑用省道来解决各种差

量，如：胸腰差、臀腰差等，而不考虑或较少考虑立体的构形。而这种用省道作为唯一或作为最重要的手段来进行立体构形处理的方式，忽略了所要体现的立体深度感和适体感。其实，在结构设计时更重要的是服装构造的基本形式，它体现在分割线与分割线、块面与块面之间的"量"。省道只是一种次要的局部处理形式。

用以下几个例子来说明这个问题：比如一个橘子，剥开来的皮形状不一，可能剥成两片、三片或更多片。可是这其中并没有省道而只有皮与皮、片与片之间的"量"，正是这些"量"决定了它们组合起来时能包成一个立体的橘子，如图2-5所示。同理，我们在结构设计中也要去关注包裹人体的这些量是如何产生、如何运用的，而不是一上来就只考虑如何收省，先要考虑的是整体的风格、造型处理与布局。

图2-5　橘子的立体剖析

再以一个胸部的局部设计为例，如图2-6所示。这里我们看到，在做出一个胸部的立体裁剪造型时，两种不同的思维所造成的差异。上面一种方式的思维是三维的，拆解后在平面上呈现不同形状的四块裁片。这种思维在具体的运用实践中，其形式是非常丰富的，做成的效果立体感也是非常强的。下面一种方式的思维就是所谓二维平面式的，即以捏省道的方式来处理立体，效果是单一且僵硬的，变化的形式也很有限。

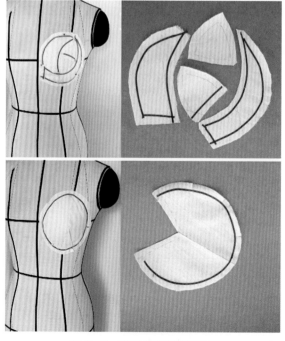

图2-6　两种造型思维对比

　　而且有时候并不能很直观地从平面版样上看出立体效果，甚至与立体所呈现的效果恰好相反。如撇胸省的处理，见图2-7所示。

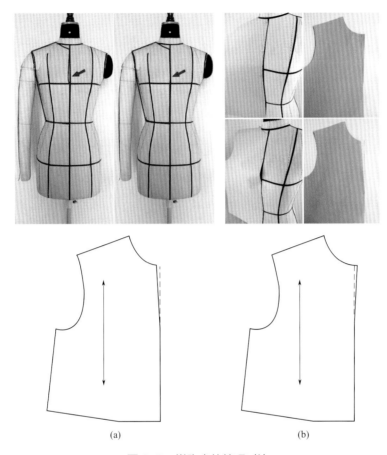

(a)　　　　　　　　　　　　　(b)

图2-7　撇胸省的处理对比

　　如图2-7（a）中的撇胸省在大身前片的处理中是很常见的，是很典型的平面式思维，穿着后会出现如上图所示的前拱，造成侧面走光；而图2-7（b）的做法是前片要往外撇，当它穿着后归正时却是符合前胸部造型特点的。

　　平面上的直线不等于立体上的直线，反之亦然。而且并非在人台上裁剪就一定是立体裁剪，如果我们只有平面思维，那么无论是在平面上还是立体上处理结构，都只能产生平面化的效果。只有当我们运用三维思维来处理结构和设计版型时，无论是平面上还是立体上都将较容易达到立体造型的效果。而且观念上必须明确：是平面裁片去适应、塑造及美化人体，而非人体去屈就和适应裁片。在实际操作中，笔者认为最好的方式是先建立立体的思维和经验，然后再以立体和平面相结合的方式进行练习。这里所谓的平面是三维思维状态下的平面形式。

　　所以，能够很好地体现立体造型的服装结构设计，都是在设计时做塑形的工作。如大多数款式都必须有正、侧、背三个大面的塑造，正面也可归纳为几个大的面，背面也形成不同的几个面，肩部也可视作一个面，等等。下图2-8、图2-9是对人体上身各部位形态的一个归纳。归纳的方法不同，即可以呈现多种不同的立面形态，使造型形式丰富多彩。通过这样的概括练习，能让我们更清楚人体各立面之间的形态，树立更明确的全面的立体观念。

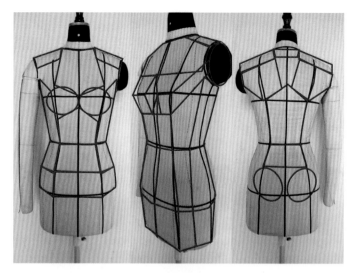

图2-8 人体立面归纳（一）

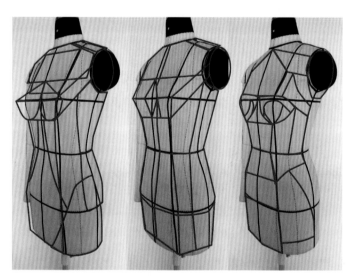

图2-9 人体立面归纳（二）

强调这样的立体塑形观念，正是西式三维立体裁剪思想精髓的真正体现：结构设计是塑形而不是捏省道。省道只是其中的手段之一。更形象地说，做省道处理为主要手段的造型像是做浮雕，而以塑形手段处理裁片与裁片之间的量的关系，才是真正做有深度空间感的服装立体软雕塑，才是典型的三维思维的体现。以省道处理方式为唯一手段的就是平面（二维）思维。所以说我们的结构和版型设计，常常是在用二维思维做三维立体塑形的工作。在三维思维中，可以这样认为：省道是补充手段，不是主要手段。这两种思维方式有时候看似差别不大，其实却能导致极大的版型设计水平差距。这也是高级服装设计师和普通服装设计师，高级版型设计师与普通版型设计师之间的一道鸿沟，是两者水平差距的根本所在。

故此，在结构设计中，有意识地导入三维立体式思维，悟透和消化其中的精意，使之融入甚或重构我们的结构造型设计体系，是值得我们去深入研究的。以此可作为提高结构和版型设计能力的重要途径和关键点。

第三节　运用基本服装结构的纸样制作方式

1. 自由式的结构设计理念

最有效率的学习方式是在学习服装结构设计的初期就导入三维思维，使用平面与立体相结合的方式。熟悉各种人体体型和尺寸数据，打破公式的固化标准，打破平面和立体之间人为树立的篱笆和界限，大量地实践平面和立体之间的转换。

初学者在制作纸样的过程中思维往往是单一的、线性的，因为他们还没有积累必要的经验；而成熟的设计者的思维过程是多种并行的，随时可以根据要求和主观审美等因素做出调整。要从初学状态顺利过渡到老练状态，学习的思路和方法就显得至关重要了。

先熟悉服装的框架结构（图2-10），省道的位置和省量大小根据需要再来设计。绝大多数的款型变化，都可基于对这个框架基本型的理解程度和运用程度展开，并且容易上手，简洁明了，高度概括，符合学习的规律中小范围超熟练的理念。对于一般的服装框架结构熟稔于心，对各种重要结构点的设计体验有了一定的了解和实际运用经验之后，才能在此基础上进一步深入研究，有效地设计出不同类型、不同风格的款式（图2-11）。正是因为以人体和造型结构上的知识为支点，所以针对千变万化的现代时装造型时，就不会感到无所适从。

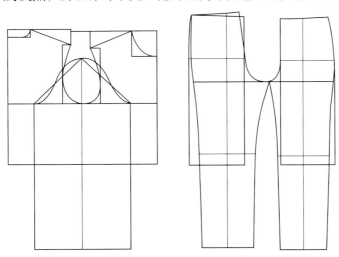

图2-10　基本框架结构图

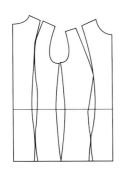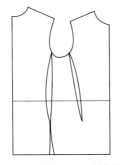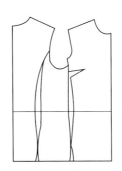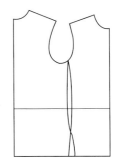

图2-11　结构设计的自由分割式

结构形式上正装严谨，时装比较自由，休闲装处于二者之间。用什么样的方法和形式来实现，取决于结构设计师的个人理念、个性和风格。自由式结构设计的理念，实施难度在于尺寸的匹配需要靠判断来进行，没有公式可供套用。初期可以只记忆最基本的数据，运用过程中重复次数多了就记熟了，不用刻意去记。数据也不能只记数字，而应该建立起数据和观感之间的联系，看到数据能预见出效果，这样才是设计中所谓的记忆的形式和状态。靠着人台的辅助运用，感性判断和理性记忆齐头并进，用系统化的练习方式可促成训练效果的最大化，也可在一定程度上弥补经验的不足。

2. 感性和理性的结合（数和形的关系 / 即"模糊量"）

数是数量，是属于理性范畴的概念，通常以可见材料的长度、面积、体积的大小和多少来体现；形是造型，是感觉，是属于感性范畴的，通常以各种数量的存在和对比的方式来呈现。两者之间的关系是：数决定形，形是数的表现方式。数以量的形式来表现，量以数的形式而存在。两者互相依存，不能偏废。

一般来说，所定的规格是预先设定的，只要仔细小心就不会错。但是在这个前提下，结构构成的形式可以是多种多样的。可以说除了规格之外的一切构成形式都是设计师自主决定的，也就是说"形"的体现方式是可以多种多样的。此外，规格之外的细节部分也大都是靠判断来决定的，这些都是感性的设计过程。再比如在进行立体裁剪的时候，多数情况下是先由形来决定数，再由数来修正形的过程。

这个就是结构设计上所谓的"模糊量"的存在，是感性思维在结构设计中的体现，也是结构设计属于设计范畴的证据。

第四节　感性思维在结构设计中的应用

相对于服装的款式设计，服装结构设计显得较为理性。因为其设计过程需要涉及尺寸、数据计算、构成形式的考量和生产工艺的设计等。然而，一般来说，结构设计的要求是最大限度地实现款式的设计意图，体现设计风格，因此具有很大的灵活性。从构成形式到细节处理，从比例的把握到个人的喜好等都具有很大的灵活处理空间，同时也受到个人审美境界、结构设计水准等因素的影响，并不是一个机械的程式化的过程，所以计算机技术始终无法完全取代个性化的制版过程。当然，计算机智能化的发展是另外一个话题，是未来各行业的发展趋势，不在本书探讨范围之内。

在较为高级的结构设计阶段，设计师并非完全遵循一个简单的步骤，先找点连线再成面来完成纸样设计，而是多种思维并存，相互妥协、取舍、综合考量的过程。因为服装结构设计是一个相对较严谨的设计过程，其各个局部互相关联又互相影响，还需要考虑面料特性、设计风格和意图、工艺手法、结构比例和分割细节、产品适体范围、市场接受度等。

所谓的理性因素，指的是结构设计建立在数据的基础上，有规格尺寸的限制，受工艺技术和生产条件的制约，有较为严格的构成形式和制作的步骤，以及适体性和机能性的要求等。

所谓的感性因素，指的是虽然有前述的种种制约，其制作过程依然具有因人而异的风格差异和理解差异，构成了一定程度上的自由性，体现出个人的设计风格，或者是在遵循特定的品牌风格的前提下展现个人风格。

　　这种感性的因素还受到认知能力和科技水平的制约。在新的科技发展条件下还会有新的所谓的"进化的感性"出现，会产生新的感性领域，需要我们去关注并与时俱进地运用到设计实践中。

第五节　认识材料

　　服装设计和制作主要是通过面料的媒介来实现的，服装的结构设计也不能独立于面料的使用之外，因为面料的性能可以影响裁片的尺寸甚至结构的构成，因此我们有必要熟悉面料的性能，才能很好地驾驭面料，为实现设计意图所用。

　　面料有纱向、密度、厚度、悬垂度、挺括度、柔软度、伸缩性、组织结构和质地等性能指标。对于不同种类的面料至少要有感性的认识，不但要关注新型面料的出现，还要学会对现有面料的重组和改造使用等。

　　面料丝缕的运用：直丝、横丝和斜丝。大部分情况下，服装裁片采用直丝。因直丝造型挺括，不易变形。但是因造型或设计的需要，有些部位需要选用横丝或斜丝的性能。如横丝有易拔开的特性，而斜丝不仅拔开性能更好，其延展性和垂荡性亦佳，造型自由服帖。斜丝虽然费料且不易处理和加工，但是造型效果更好，这些都需要设计者根据设计效果的需要灵活运用。

　　针织和梭织是由于织造方法的不同而形成的最主要的两种面料构造形式。要注意的是梭织类的面料如果加入了弹性纤维，也可以有较好的弹性，对裁片结构和衣服放松量、活动量的影响很大。针织面料主要分为经编和纬编两大类，其中纬编的拉伸率要高于经编，但后者的面料保型和稳定性强于纬编面料。

　　回缩率：服装裁片需要考虑面料的回缩率的特性及其对成品造成的影响，必要时要做缩率测试。其中有因天气原因的自然回缩率，还有缩水率、砂洗水洗的缩率及石磨、印花、染色等后处理工艺都能对面料造成回缩率。

　　倒顺毛：对于毛绒料、丝绒料、灯芯绒料、有倒顺图案的面料等要注意排料裁剪时裁片方向的一致性，使整体服装的光泽度统一美观。

　　条格：为保证服装整体的美观性，对大于一定尺寸的条格料需要在裁剪和制作时对条对格。对条格的裁剪损耗比一般面料高一些。尤其是格子料，纵向和横向都需要对齐，所以裁剪损耗更高，需要预留更多的面料耗损量，也较费工和费时。

　　印花：同样的道理，除了满地的小花型图案外，一些花型图案较大的面料也可能根据设计需要在裁剪时对位处理，以保证视觉上的美观。

　　所以严格来说，每一个纸样都是对应于特定面料的，并不是一个纸样随便拿来都可以套用，即所谓的一款一版。因为在制作纸样的过程中，已经把面料的因素加以考虑而融入了设计之中，比如弹性、密度、厚度、缩率等。某些时候改变所用面料就意味着需要调整甚至改变纸样。

思 考 题

1. 按照尺寸表项目做人体测量，重点部位测量 2 ～ 3 次，注意测量时的手势和测量部位。

2. 服装设计中的结构线和设计线的含义分别指的是什么？怎样的造型线是前两者的统一？

3. 什么是三维的结构设计观？与二维的平面设计观相比，两者有哪些异同点？

4. 什么是结构设计中的感性思维？什么时候需要在设计时运用以及何种程度上运用感性思维？

5. 服装材料的运用对设计的影响有多大？脱离服装材料单独探讨版样的应用是合理的吗？

6. 尽可能创造机会去运用几种不同厚薄、弹性的面料，以及体会纱向不同对服装造型的影响。

第三章

服装结构各部位设计分述

人体体表是一个有着较为复杂的起伏曲面的形体，包裹着立体的、或活动或静止的、形态各异的人体。图3-1、图3-2是人体模型的体表分割图。

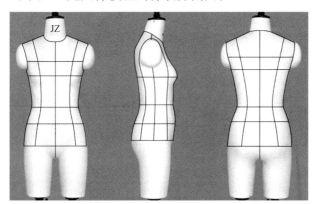

图 3-1　上身人体模型

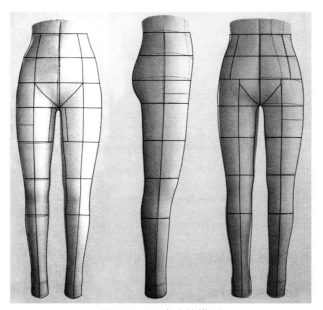

图 3-2　下身人体模型

（注：为方便起见，上图中所有的横向坐标线都标示成水平线，纵向坐标线都标示成有透视功能的曲线。而实际上任何一条纬度上的标示线在不同的视角下也都应该是曲线）

图 3-3、图 3-4 是服装人体模型的体表形状分解图。根据立体的服装人体标准模型的体表分割图所做的人体体表平面分块裁片图，所得的二维展开裁片图，是最合体和原始的研究服装版型的基础。熟悉这个分解图，才能在进行平面和立体的转换设计时易于把握和理解造型的变化。

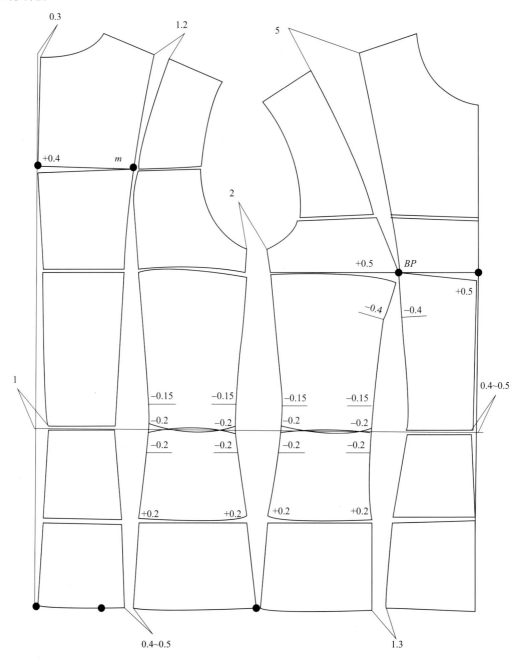

图 3-3　人体模型分块裁片图上身（参考自：刘建智著，《服装结构原理与原型工业制版》）

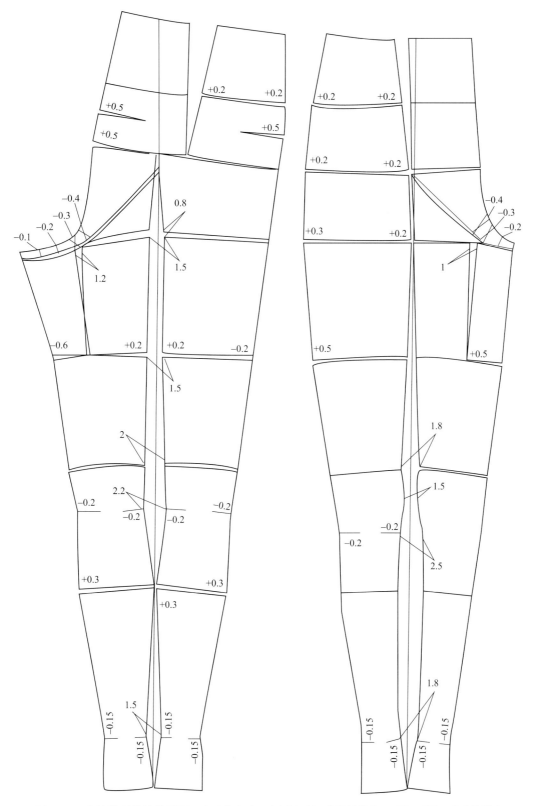

图3-4 人体模型分块裁片图下身（参考自：刘建智著，《服装结构原理与原型工业制版》）

第一节　上身结构

1. 大身

（1）大身各部位的截面形态，如图 3-5 所示

前身：胸部形状（横剖面、纵剖面）基本结构图。

后身：肩胛骨、脊椎骨基本结构图。

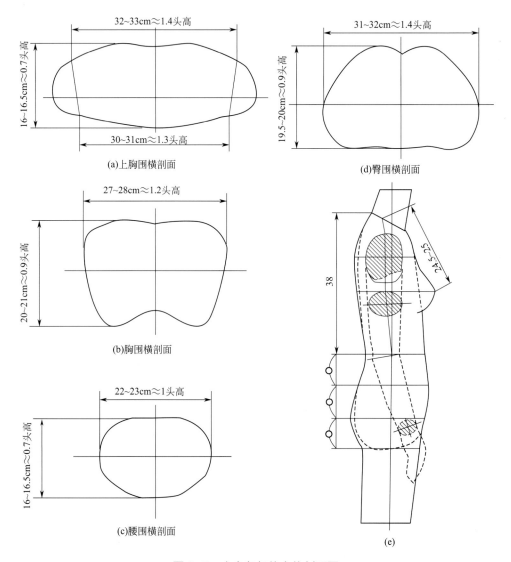

(a)上胸围横剖面

(b)胸围横剖面

(c)腰围横剖面

(d)臀围横剖面

(e)

图 3-5　上身各部位立体剖面图

（2）三围

即胸围、腰围、臀围。胸围前半围大于后半围；腰围前半围大于后半围；臀围前半围小于后半围。设计衣服前后片的胸围量分配时，一般的款式可以前后平分；造型要求高的款式

可以后片大前片小，这是因为人体向前运动的时间多，所以要把活动量放在后片上。

以下是为展示平面和立体之间的关系而作的平面和立体的转化图（图3-6）、上身基本结构示意图（图3-7）和上身基本结构制作过程图（图3-8）。

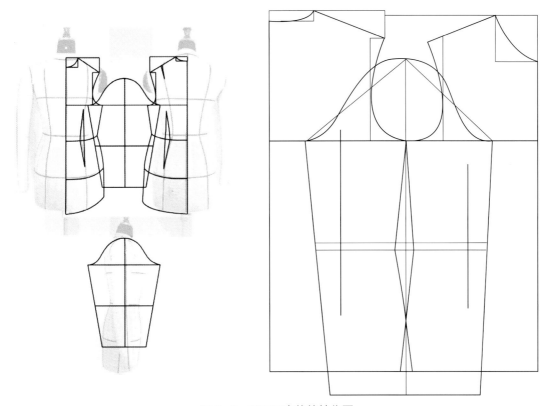

图 3-6　平面和立体的转化图

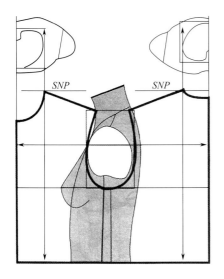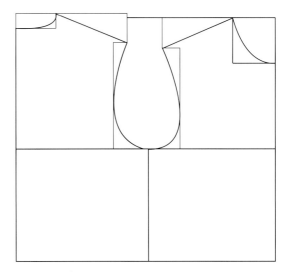

图 3-7　上身基本结构示意图

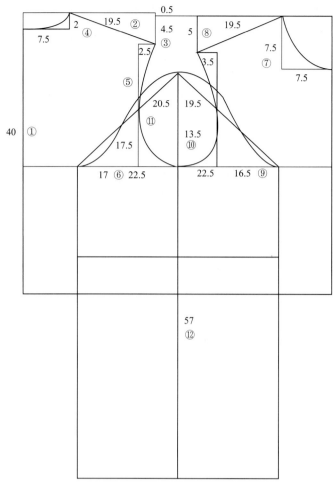

图 3-8 上身基本结构制作过程图

① 40cm 后中长；② 19.5cm 半肩宽；③ 4.5~5cm 肩斜；④ 7.5cm 后领宽，向下 2cm 后领深；⑤ 17cm 背宽，17.5cm 袖笼深；
⑥ 22.5cm 胸围 1/4；⑦ 7.5cm 前领宽，7.5cm 前领深；⑧ 5cm 前肩斜；⑨ 16.5cm 前胸宽；⑩ 13.5cm 袖山高；
⑪ 19.5 cm 前袖山斜线，20.5cm 后袖山斜线；⑫ 57cm 袖长

（3）大身前后片的相互关系

① 东方体型，一般情况下后片比前片略长 1cm。这是因为东方女性胸部较小，身体在正常情况下略前倾（特殊体型除外）。

② 欧美体型，一般情况下前片比后片要长 2~3cm，因为西方女性胸部较大较高，身体正常情况下较向后挺。

③ 前述的两种长短关系的前提条件是在合身的情况下，如果衣身宽松，这种前后差就逐渐消失，大致在整围的合体放松度东方体型达到 20cm 以上，西方体型达到 30cm 以上时，这种前后片的差量就消失了。

前述这种差量关系并不是很明确的一个对应关系，而是一种结构设计上的尺寸包容量和模糊量，和设计的消费对象和地域有紧密关系，还与生产的方式有关。批量生产的时候因为包容的范围大，所以这种差量就更显模糊。在定制打样的场合中，因为对象是特定的，所以可以个体测量尺寸，应用时也就可以做到更加精确。了解这种关系可以让我们在制订尺寸更快速、更准确。

（4）设计省量的原则

前面已经提到过，省道是处理差量的手段，不是做立体效果的手段。这一点一定要很明确，不然在结构设计上是一种观念性的极大的误区。初学者在对待省道设计和处理上的一个需要注意的问题是：省道虽然可以解决人体表面的起伏量，是一种显示出部分立体造型的手段，但这种手段充其量只是一种准三维的手段，离真正的三维造型相差甚远。

省道处理的重点一般都是在胸部。但要注意的是：虽然女体胸部的起伏量是人体中最大的，但是也要根据款型和设计风格等因素来确定胸省量的使用。比如休闲装，其结构设计的重心相对来说，是注重配合服装整体结构的风格协调，而不像礼服那样注重胸部的造型结构，所以胸省量的设计较少。对胸部造型结构的强调重视程度从高到低依次是晚礼服、小礼服、合体时装、正装、休闲装、运动装。

省道量的设计除根据不同的款式之外，还根据不同的穿着顺序而不同。总体省量的用量大小一般情况下是：由里衣向外衣由大渐小，依次是胸衣、内衣、衬衣、外衣、风衣或披肩。越是贴身的款型越贴身，意味着贴体处线条越显弧形，也就是说总省量更大。越是外层的衣服线条越直，总省量越小，如图 3-9 所示。

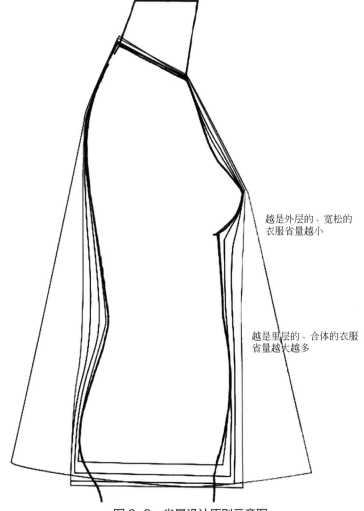

越是外层的、宽松的
衣服省量越小

越是里层的、合体的衣服
省量越大越多

图 3-9　省量设计原则示意图

2. 领子

了解人体颈部的特征是做好领子设计的基础。见图 3-10 和图 3-11 所示。

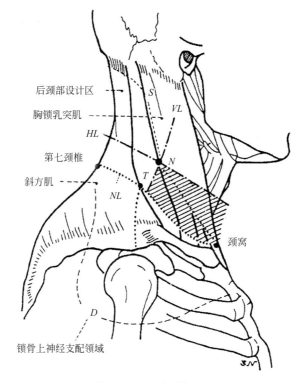

图 3-10 颈部剖面图

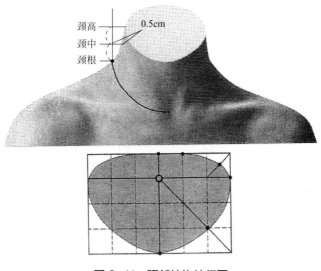

图 3-11 颈部结构特征图

领窝是领子的地基。领窝形状虽各不相同，但领子不管如何变化，它的领底与领窝是一对一相配的关系。理解这一点是打好领子结构设计的关键。所以领子必须放在领底上制作才是直观的、有效的，这样才容易理解和修改。其中立领的结构原理是其他一切领子的基础，见图 3-12 所示。

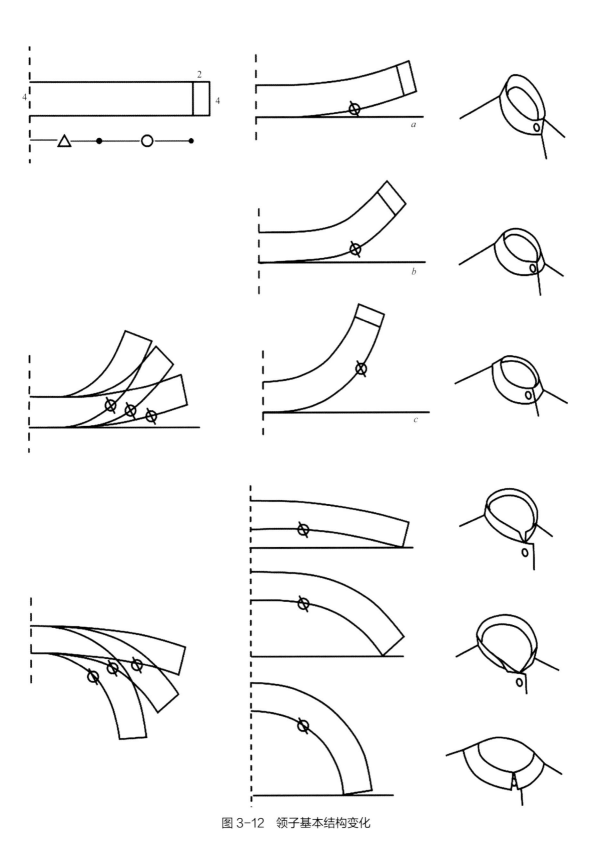

图 3-12　领子基本结构变化

领子的造型与变化：无领、立领、翻领、关门领、立翻领、企领、荡领、驳领、花色领（荷叶领、披肩领、海军领等）。

（1）无领

领型有鸡心领、一字领、V领、U领、大小圆领、方领、船领、复合形状领，如图3-13所示。

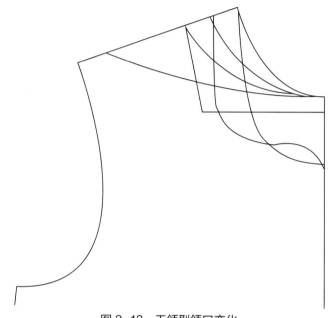

图3-13　无领型领口变化

（2）立领

立领的基本造型有直立式立领、内倾式立领、外倾式立领三种。还有翻立领、连身立领等变化，如图3-14、图3-15所示。

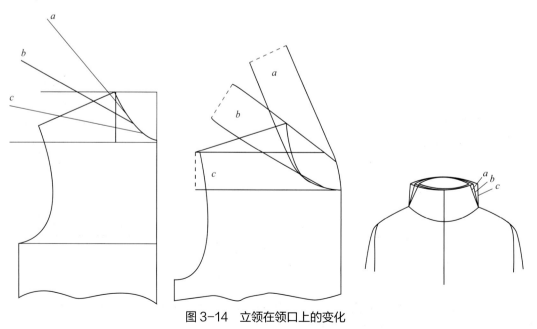

图3-14　立领在领口上的变化

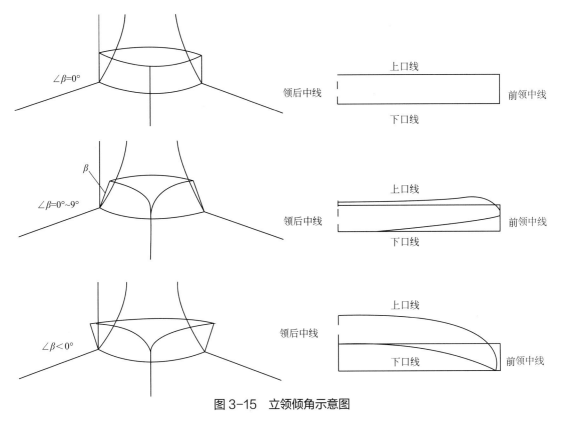

图3-15　立领倾角示意图

（3）翻领

翻领一般由领座和领面两部分组成。如果领座小于1cm，就成了平摊在肩上的披肩领，如图3-16所示。

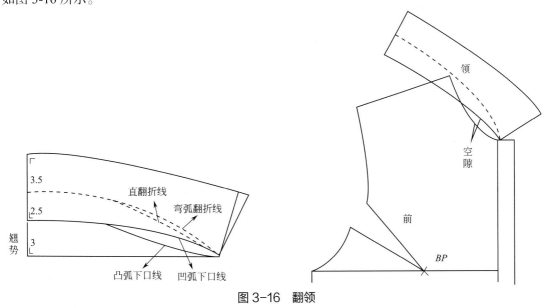

图3-16　翻领

（4）企领

也称二用领，是立领和翻领的结合。有连体企领和分体企领之分，连体企领又可分为合体连体企领和翻企领，如图3-17所示。

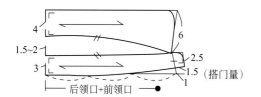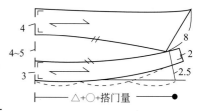

图 3-17　企领

（5）驳领

是立领或翻领和驳头的结合，分为翻驳领、立驳领、连身驳领等，如图 3-18 所示。

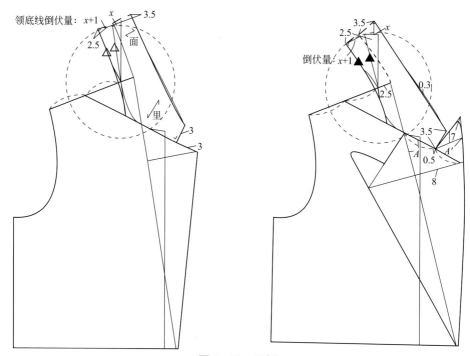

图 3-18　驳领

（6）花色领

根据以上各种基础原理发展出来的领型。如海军领、荷叶领等就是披肩翻领的变化体，如图 3-19 所示。

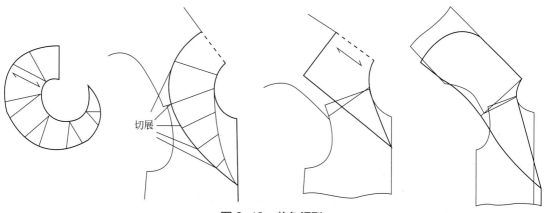

图 3-19　花色领型

3. 袖子

袖子造型与变化：圆袖 / 装袖、连袖、插肩袖、落肩袖、宽松袖、花色袖（灯笼袖、羊腿袖、郁金香袖）、喇叭袖、蝙蝠袖、泡泡袖、马蹄袖、褶裥袖、中式连身袖。

袖子的长度：无袖、盖袖、短袖、五分袖、七分袖、八分袖、长袖、超长袖，见图 3-20 所示。

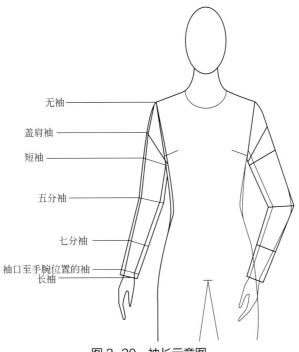

图 3-20　袖长示意图

袖子的形态分类：宽松直袖、合体弯袖、一片袖、二片袖、多片袖等。

理解袖子结构的关键是三势一轴：斜势、弯势、转势、袖山轴，见图 3-21 所示。

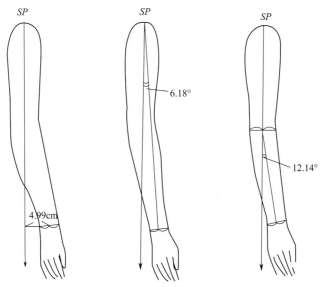

图 3-21　手臂状态示意图

　　和领子的设计原理一样，袖肥与袖山是对应的匹配关系。袖山必须和袖肥一对一匹配，并且和大身袖笼放在一起制作袖子，这样的方式才更直观和易于理解，见图3-22、图3-23所示。

　　袖山高的设计是根据款式的风格和功能性等方面综合考虑的，同时也与袖肥的造型风格和尺寸息息相关。

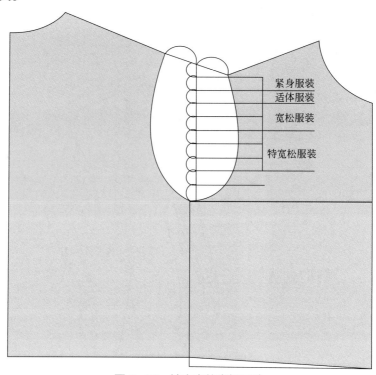

图 3-22　袖山高的常规设计

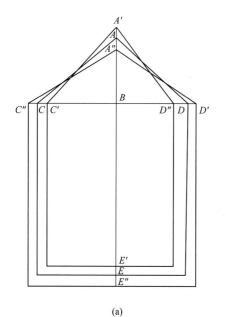

(a)

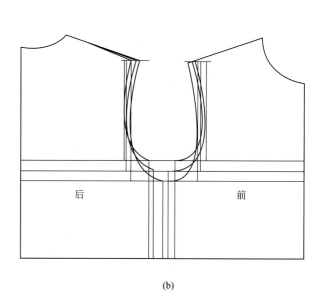

(b)

图 3-23　袖山和袖肥变化规律

袖山高的变化规则与袖肥的关系。

从图 3-23（a）中可以看到，袖山高和袖肥成反比。也就是袖山越高，袖肥越小，袖子也就越合体；袖山高越低，袖肥越大，袖子也就越宽松。图 3-23（b）显示的是在袖肥造型不变的情况下，加大袖肥，呈现一种造型缩放的状态，和袖山的升降造成的袖型改变的原理是不一样的。

前后肩宽对袖子造型的影响分为以下三种情况。

①后肩宽大于前肩宽，前袖肥小于后袖肥；

②后肩宽等于前肩宽，前后袖肥差正常；

③后肩宽小于前肩宽，前袖肥大于后袖肥。

（1）无袖

衣身不出袖的款式，在手臂根部以上或者齐手臂根部。

（2）一片袖

整个袖子由一片布料组成，主要可分为合体一片袖和普通一片袖，见图 3-24 所示。

（3）二片袖

整个袖子由两片布料组成，一般有大小袖片之分，是合体袖型的设计，为了使造型更加符合手臂自然弯曲和合体的状态而设计，见图 3-25 至图 3-27 所示。

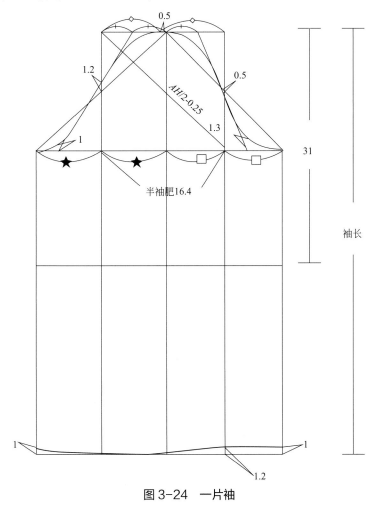

图 3-24　一片袖

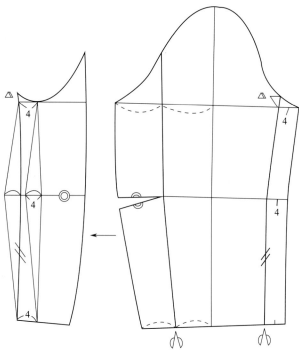

图 3-25　合体一片袖转两片袖

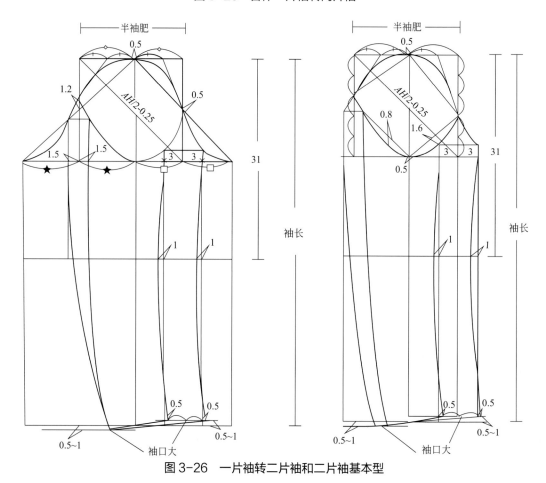

图 3-26　一片袖转二片袖和二片袖基本型

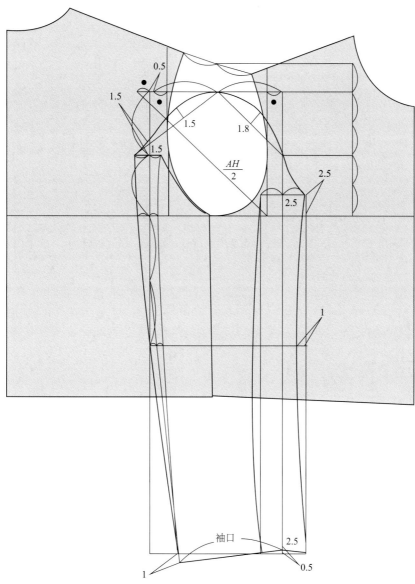

图3-27　二片袖在衣片上制作

（4）连袖

是袖片与衣身在袖笼处不分离的一种袖型。常用于中式结构的设计（见第六章中式服装结构）或者某些休闲装的袖型设计，其造型特点是宽松随意，视觉上因在袖笼处没有分割而显得连贯。

（5）多片袖

由多片（两片以上）袖片组成的袖型称为多片袖。除了追求袖型的合体性之外，通常是设计上的需要，如图3-28所示。

（6）花式袖

是指造型独特的非常规类型的袖型设计，如羊腿袖、花瓣袖等。这类袖型的设计性很强，一般是为配合衣身的设计风格而设计，也有单独在袖型上作出较夸张的设计，如图3-29至图3-31所示。

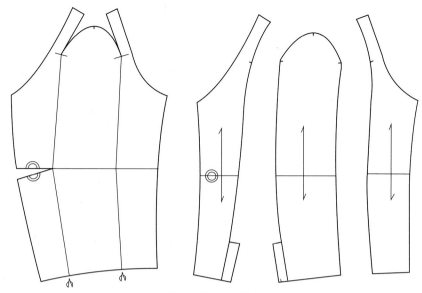

图 3-28 多片袖

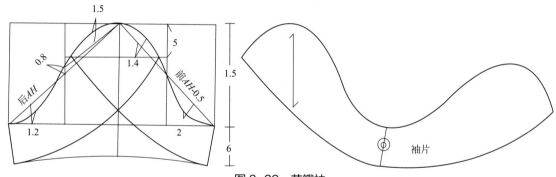

图 3-29 花瓣袖

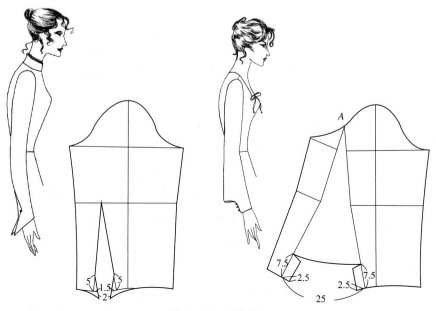

图 3-30 花色袖

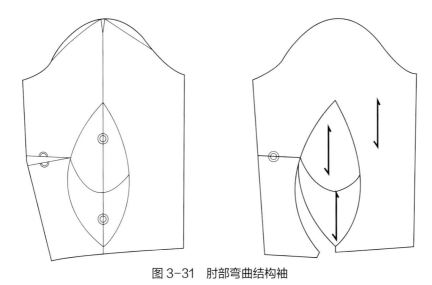

图 3-31　肘部弯曲结构袖

第二节　下身结构

1. 裤子结构

裤子的造型变化是极其丰富多彩的，有直筒裤、紧身裤、萝卜裤、马裤、喇叭裤、牛仔裤、哈伦裤等。通常也从长度上来进行分类，见图 3-32 所示。

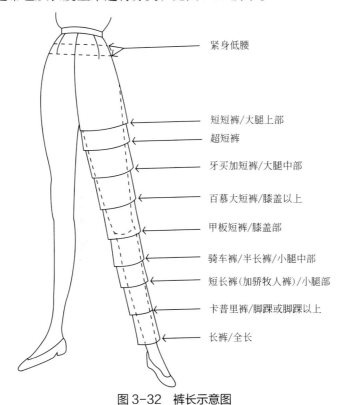

紧身低腰

短短裤/大腿上部

超短裤

牙买加短裤/大腿中部

百慕大短裤/膝盖以上

甲板短裤/膝盖部

骑车裤/半长裤/小腿中部

短长裤(加骄牧人裤)/小腿部

卡普里裤/脚踝或脚踝以上

长裤/全长

图 3-32　裤长示意图

裤中线＝重心线。重心线不是一条直线，但是一般情况下可以用直线来代替。前面提到过，立体视觉上的直线不是平面形式的直线；平面上的直线也不是立体视觉上的直线。因为在立体中，线代表的是断面而不是抽象的线条。

裤子四缝：外侧缝（栋缝），内侧缝（下裆缝），上裆缝，腰缝，如图3-33所示。

裤子的造型与结构的基本立体关系和臀型的变化可参见图3-34和图3-35。

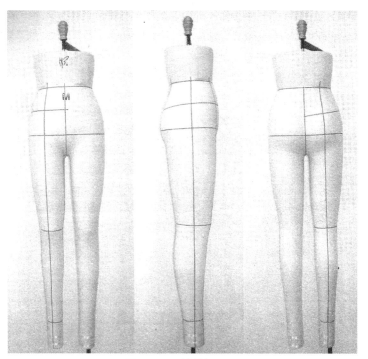

图 3-33　裤模标示图

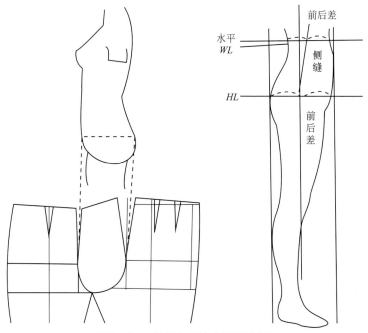

图 3-34　裤子与下身剖面示意图

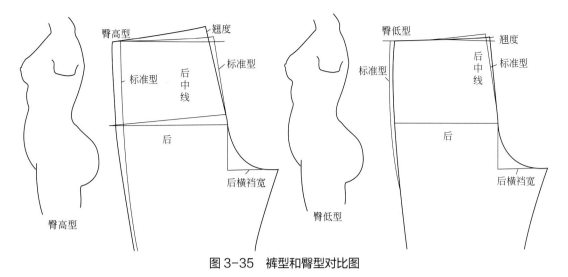

图 3-35 裤型和臀型对比图

裤子放松量设计中最重要的是臀部和膝盖部的运动量的设计。

（1）基型裤的制作

如图 3-36 所示。

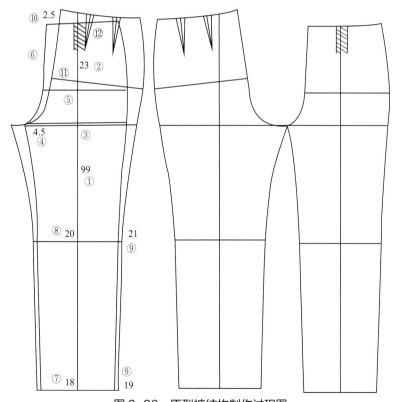

图 3-36 原型裤结构制作过程图

① 99cm 前中心线；② 23cm 上长；③ 腿围处中点偏侧缝 1~3cm 作中心线；④ 4~4.5cm 前裆宽，后裆宽约为前裆宽的 2 倍；

⑤ 前裆至腰口垂线 1/3 处向侧缝作 1/4H~1cm 前臀围；⑥ 腰口前中撇去 1~1.5cm 作前上裆弧线；⑦ 18cm 前脚口；

⑧ 19~21cm 前中裆围；⑨ 20cm 后裤口，21~23cm 后中裆围；⑩ 后上裆线及起翘量 2~4cm；

⑪ 1/4H+1cm 后臀围；⑫ 作前后腰口的省道或褶裥量 3~4cm

（2）紧身裤

紧身裤通常使用弹性面料来制作，为了体现包紧的效果，常常纸样尺寸比净尺寸更小，见图 3-37 所示。

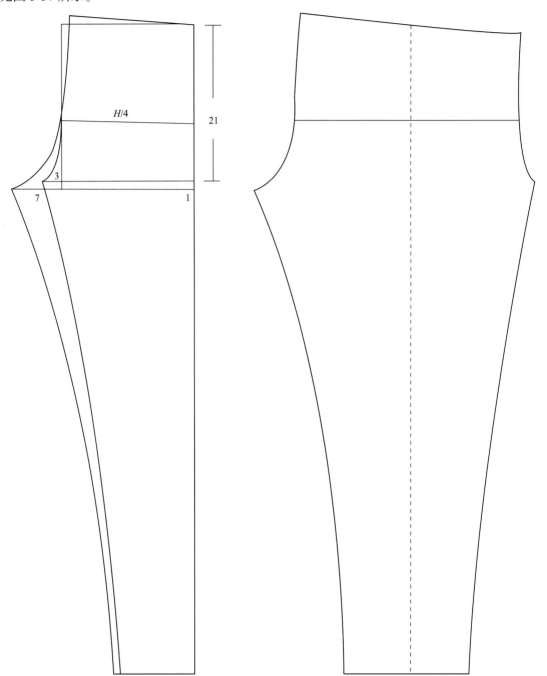

图 3-37　紧身裤裁剪图

（3）合体裤（牛仔裤）

牛仔裤是一种典型的合体裤型，通常是以没有弹性的梭织面料牛仔布制作而成，虽然有时可加入弹性纤维使面料具有微弹性能，但是牛仔裤主要是用合体的裁剪法使裤型合体。下图是合体裤的基本纸样，可作为裁剪其他合体裤版型的基本型来使用，如图 3-38 所示。

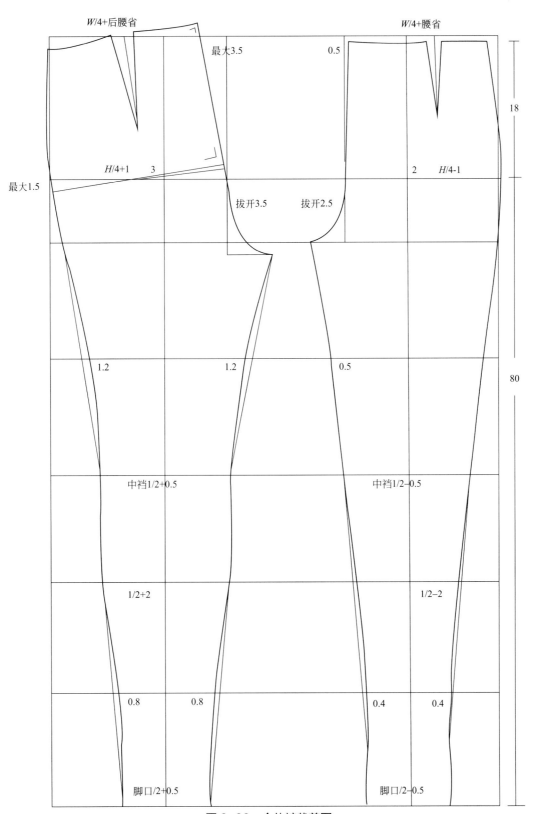

图 3-38　合体裤裁剪图

（4）宽松萝卜裤

萝卜裤是一种上大下小的宽松的裤型，可以直接用尺寸部位设定的方式画出，或用合体裤为母型，使用切展的方式作出，如图3-39所示。

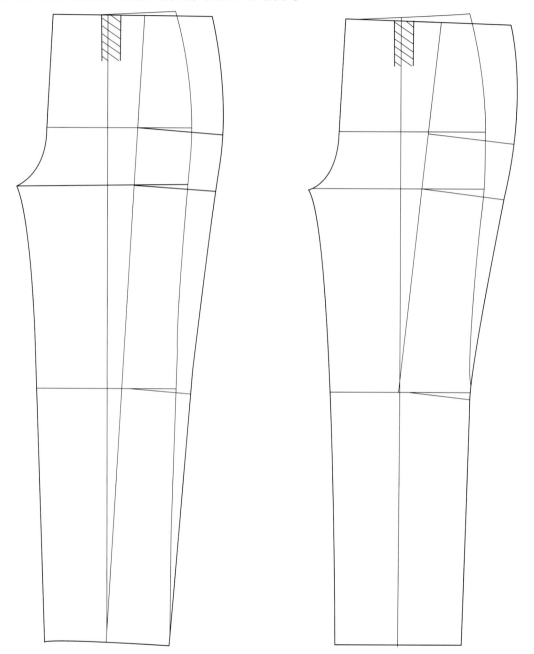

图3-39　萝卜裤结构处理方式

2.裙子结构

裙子也有丰富的款型变化，从长度上可简单地分成超短裙、短裙、及膝裙、中庸裙、长裙、曳地裙等，如图3-40所示。

（1）基型裙（西装裙）的制作（见图3-41）

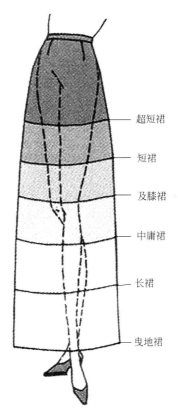

图 3-40 裙长示意图

超短裙
短裙
及膝裙
中庸裙
长裙
曳地裙

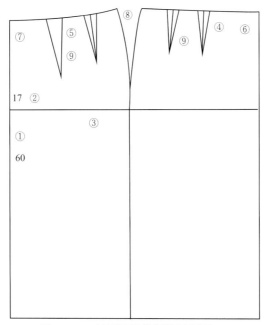

图 3-41 基型裙结构制作过程图

① 60cm 后中线；② 腰线下 17~18cm 作臀围线；③ 22.5cm 半臀围；④ 1/4 前腰围 +3cm 省量；

⑤ 1/4 后腰围 +4cm 省量；⑥ 腰口前中撇去 0.5~1cm 作前腰口弧线；⑦ 腰口后中撇去 0.5~1cm 作后腰口弧线；

⑧ 作前后侧缝弧线；⑨ 作前后腰省线

（2）牛仔裙

牛仔裙的特点是分割线较多，版型合体，立体感强，如图 3-42 和图 3-43 所示。

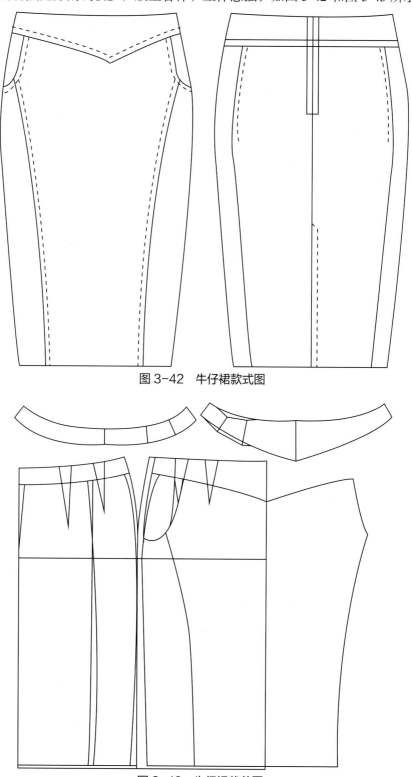

图 3-42　牛仔裙款式图

图 3-43　牛仔裙裁剪图

（3）A字裙及大摆裙

A字裙是从腰口或臀围向下放大呈A字形的裙型，有小A裙，45°、90°、180°、350° 等不同摆度的形式，也可设计成手帕裙等活泼的形状。见图3-44、图3-45所示。

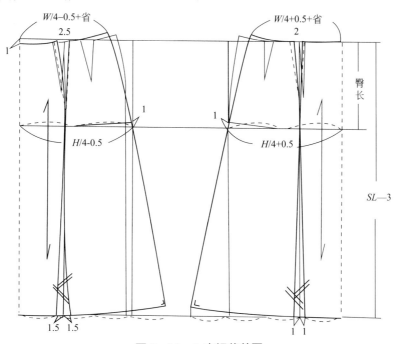

图3-44　A字裙裁剪图

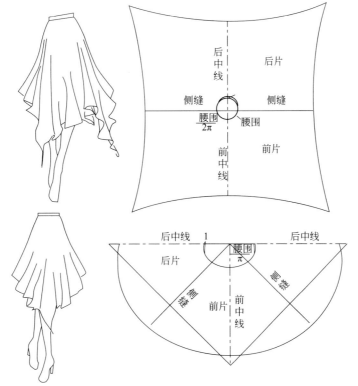

图3-45　手帕裙裁剪图

（4）塔裙及鱼尾裙

塔裙因其形似蛋糕也叫蛋糕裙，鱼尾裙因形似鱼尾而得名。这两种裙也有很多的变体形式，见图3-46、图3-47所示。

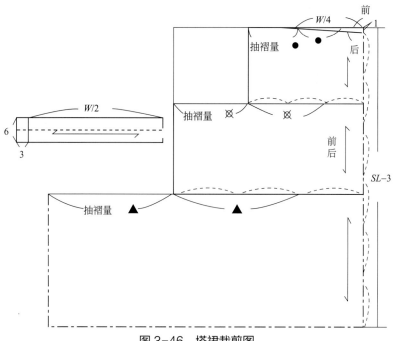

图 3-46　塔裙裁剪图

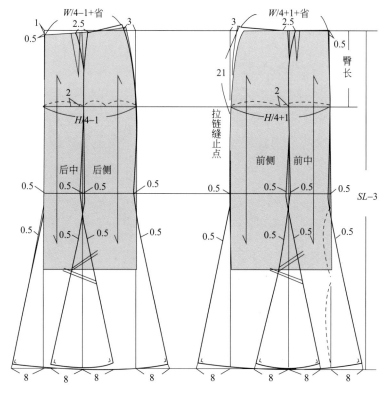

图 3-47　鱼尾裙裁剪图

3. 裤和裙的转化关系

裤子和裙子的区别在于有裆和无裆。现在有很多的设计介于裤子和裙子之间，比如不同形式的哈伦裤、宽松式的裙裤等，但是要把它们归类的根本方式是：看有无裆部结构。并且裤子和裙子的转化设计也可以从二者的基本型的转化上来学习，对于初学者来说也是一个理解裙子和裤子结构的很好的方法如图 3-48 所示。

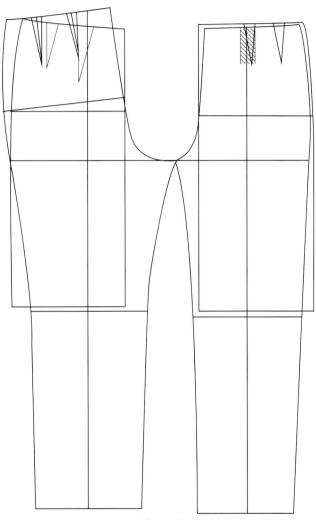

图 3-48　裤和裙的结构转化

第三节　连身结构

连身结构指的是从上身腰部一直连到下身臀部以下合体的结构形式，或者上身和下身有裆结构的连接造型，如旗袍、礼服、连体工装等。而长款的风衣和袍子只是延长的上身结构而已，因此这一类的服装结构统一归类于上身结构。

连身原型的制作（图 3-49）：

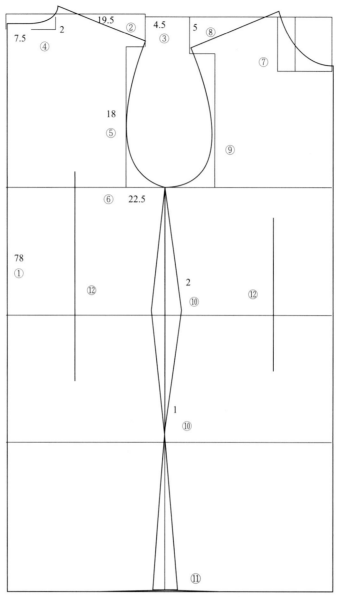

图 3-49　连身结构基本型

① 78cm 后中长；② 19.5cm 半肩宽；③ 4.5~5cm 后肩斜；④ 7.5cm 后领宽，向下 2cm 后领深；⑤ 17cm 背宽，17.5cm 袖笼深；⑥ 22.5cm 胸围 1/4；⑦ 7.5cm 前领宽，7.5cm 前领深；⑧ 5cm 前肩斜；⑨ 16.5cm 前胸宽；⑩ 腰节收臀围放；⑪ 下摆围或垂直或收放；⑫ 作前后腰口的省道中心位预设

1. 连身原型的运用实例：旗袍

旗袍，一般长度及膝或更长，是一种常见的连身型款式，如图 3-50 所示。

2. 连身原型的运用实例：连身礼服

连身礼服，一般是小礼服的结构形式，如图 3-51 所示。

3. 连体工装服

连体工装的特点是上衣和裤子连为一体。其款式风格干净利落，方便工人在工作时的各种操作。连体工装也可以作为一种时装的结构形式。如图 3-52 至图 3-53 所示。

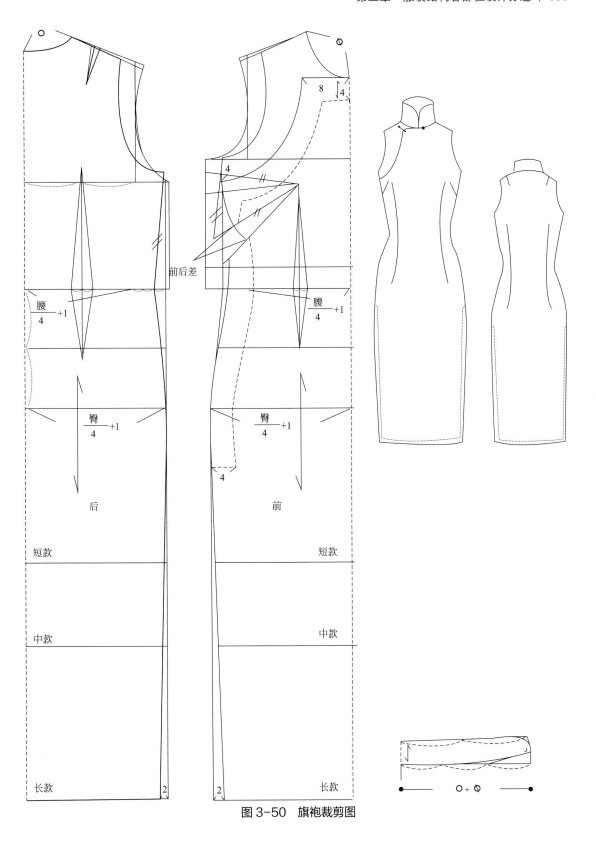

图 3-50　旗袍裁剪图

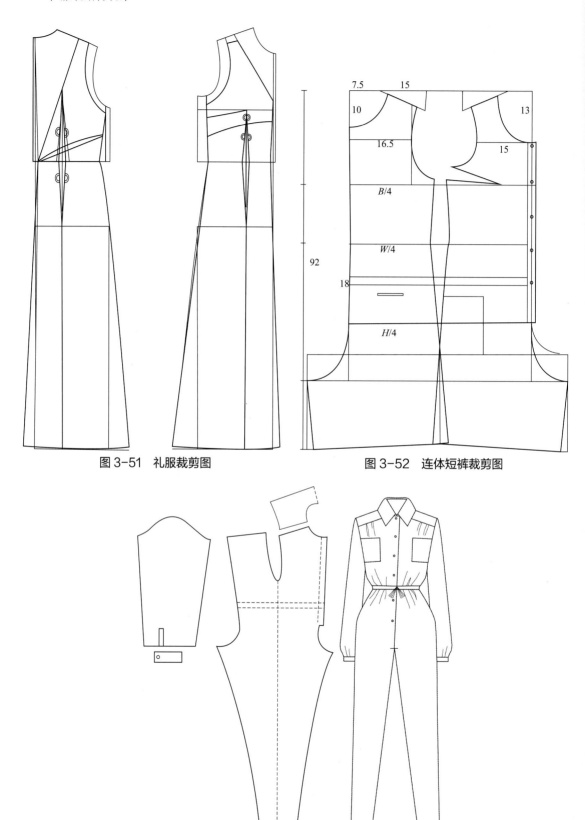

图 3-51 礼服裁剪图

图 3-52 连体短裤裁剪图

图 3-53 连体工装平面图

4. 合身连衣裙

连衣裙也是一种典型的连身结构形式，这里列举两款合身连衣裙的裁剪图，如图 3-54 和图 3-55 所示。

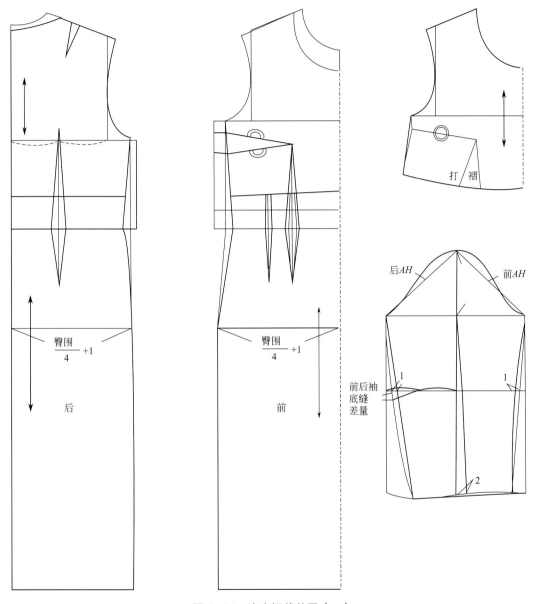

图 3-54　连衣裙裁剪图（一）

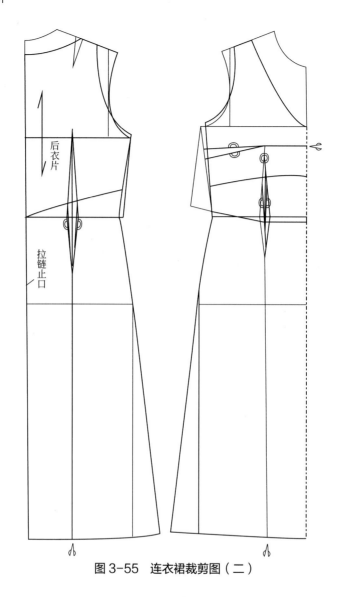

后衣片

拉链止口

图 3-55　连衣裙裁剪图（二）

思 考 题

1.结合标准人台做上身的基本结构图练习，熟悉各部位的基本关系和一般尺寸数据。
2.结合标准人台做下身的基本结构图练习，熟悉各部位的基本关系和一般尺寸数据。
3.结合标准人台做连身式的基本结构图练习，熟悉各部位的基本关系和一般尺寸数据。
4.做几种不同原型的制作练习，并且在人台上试样及做变化练习。

第四章

服装结构设计实例

我们在面对需要作出结构设计的服装款式时，需要考虑的因素大体包括面料特性、分割比例、制作工艺、造型风格、设计特点、结构形式、细节特征、尺寸和体型适应度、放松度等等。

首先是对款式设计风格等要素的审视，考虑清楚如何入手、用什么方法去做这个结构的设计，这个过程非常重要。如果还没有审视清楚就急急忙忙上手，很可能最后反而要返工而浪费时间和精力。下面以几个实例来说明如何开始并完成一个纸样结构设计。

第一节　哈伦风格女休闲裤

这款休闲裤的造型偏向哈伦裤的风格，造型比较独特，臀部部位较宽松，裤口是小脚裤造型，从裤腿向下一直到裤口呈现休闲廓形。是一种非常规的裤结构设计，口袋和前面的褶裥、后裤片等连在一起，口袋布的裁法要考虑裤片的结构和褶裥工艺等，以上的描述是这条裤子设计的重点。本款完全根据淘宝款式照片进行结构还原设计，并制作成实样，见图4-1和图4-2所示。

实际打样过程中的难点在于：裤片结构必须和状似口袋的造型和褶裥同时考虑，而此类结构和制作上都无先例可循，也没有实物可循，只能作推测和作工艺上的自行再设计。于是先花费精力在制作工艺上，用纸片折叠模仿，同时思考哪些缝制和结构构成方式是可行的。之后将预估的褶量加入前腰口和后裤片，其余部分按照图片上显示的比例和造型来设计，最终完成了整体的纸样制作，并制作成实样，如图4-3所示。

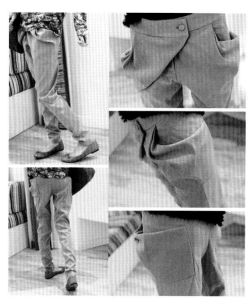

图4-1　哈伦风休闲裤

这款哈伦风格休闲裤的纸样设计过程也很好地印证了笔者服装结构和工艺不能分家的理念：如果没有良好的工艺制作功底，这款裤子的结构设计就会显得根本无法入手。

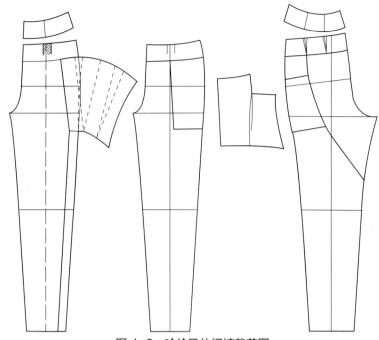

图 4-2　哈伦风休闲裤裁剪图

图 4-3　哈伦风休闲裤着装图

第二节　休闲女上装

1. 女式休闲装（一）

如图 4-4，这款女式休闲装的设计特色是：前后连身裁剪，整个设计风格简洁、结构舒畅而简练。进行纸样设计时先观察设定好整体比例。因为此款休闲装是很明显的休闲风格和造型，所以结构处理方式也遵循简洁的风格，尽量减少分割和省道线，整体结构轻松流畅，领子结构有一些特殊的设计处理。此款设计的面料是采用高密府绸涂层布，完成纸样设计后未制作成实物，如图4-5所示。

2.女式休闲装（二）

如图4-6，这款女装的设计特点是韩版风格的休闲女装。造型细节上多而不乱，设计感很强，轮廓修身，立体感强，宽松度适中。结构上的设计点互相之间很协调，军装色的薄呢料，弧线造型的内外轮廓线条，搭配出一种尽显女性妩媚和干练并存的风格。此款完全照淘宝款式，未做任何修改，进行了完整的纸样设计练习，最后未制作实物样衣，如图4-7所示。

图4-4　女休闲装（一）

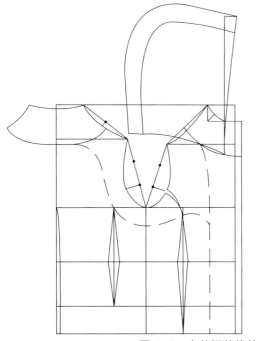
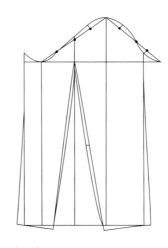

图4-5　女休闲装裁剪图（一）

图4-6　女休闲装

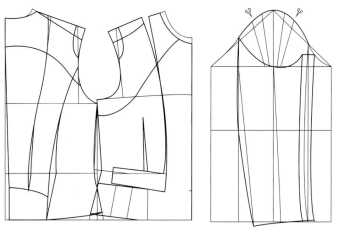

图 4-7　女休闲装裁剪图（二）

第三节　韩版女式时装

图 4-8 是一款多部位运用斜裁手法的典型的韩版时装。结构设计布局上打破前后片的常规结构设计模式，侧片从后侧弧状连接前侧至腋下，收腰宽肩造型，戗驳领，整体 X 型轮廓，尽显女性的干练和妩媚。此款因为有实物，所以经平面和立体详细测量后，用近似驳样的过程制作完成纸样。

图 4-8　韩版女装

具体过程是用中号原型运用平面结构设计方式，按照款式的要求和尺寸作出大致的造型，再根据细节尺寸调整。关键部位在侧片部位，尺寸和造型不易调准，腰省按体型特点在不同的部位收，然后拼合修正。斜料部分和圆弧部分要相应地根据面料性质比测量尺寸缩短一点，以便制作时拨开以适体。领子根据实样的造型要求要分成二片式下面领座部分和上面翻领部分（此部分略），此款时装内外轮廓和分割线造型都是流畅的流线型，如图 4-9 所示。

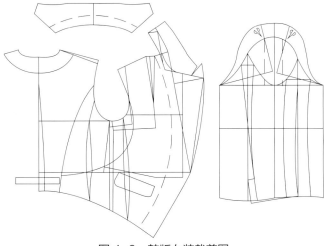

图 4-9　韩版女装裁剪图

第四节　中式风格时装

如图 4-10 这款中式风格时装是根据淘宝款式修改而成，并制作成实样。其结构上的设计特点是前后都有斜向的大褶裥，褶量大而且深，并且分别处在肩、袖和侧缝处，造成了衣片展开后严重变形和左右非常规式的不对称，然而从成衣效果上看，视觉上又是需要平衡和对称的，难点即在于此。

图 4-10　中式风格时装

实际制样过程中，由于一开始未能很好审视，及至设计褶裥时才发现上述难点问题，于是需要借助人台来试样、修改纸样，然后再用实际面料进行前后片的裁剪立体试样，平面修正等，这是通过平面和立体相结合的方式设计的典型案例。如对立体裁剪熟练，也可先立体试样后平面修正的方式进行。最后在制成纸样时再做微小的修改整理而成，并换用牛仔面料制作出成衣实样，如图 4-11 至图 4-13 所示。

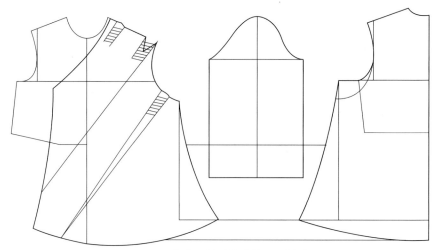

图 4-11　中式风格时装裁剪图开始步骤

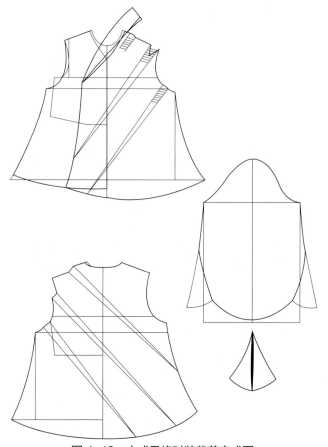

图 4-12　中式风格时装裁剪完成图

图 4-13　中式风格时装着装图

第五节　连身式女时装

如图 4-14，这款连衣裙根据淘宝款式做出局部修改设计而成，并制作成成衣实样。其设计特点是连身式的设计，整体轮廓显得修长。喇叭口的袖笼口设计，在整体大身工装式的风格下，显出活泼地点缀和加强肩部的轮廓造型。同时突出大身部修身的轮廓造型。领口设计是小翻领式驳领型造型，凸显女性活泼加妩媚的风格。由于款式修身，所以分割片较多的裁剪方式可处理人体的凹凸，使之更适合人体，但是由此造成裁片较多，制作时需注意裁片的区分，如图 4-15、图 4-16 所示。

图 4-14　连身女时装效果图

图 4-15　连身女时装裁剪图

图 4-16　连身女时装着装图

第六节　休闲女裤

　　如图 4-17，这款休闲女裤的特点是腰口以下的拼布设计的层叠感，使得腰节显长，前后裤片大腿至膝盖设计长长的省道和褶裥，上半部较宽松，下半部至裤口较小，整体轮廓呈现出上半部宽松下半部合体的风格（见于某时装杂志不显眼处，因图片尺寸较小，此处根据彩照款式绘制出平面图）。

　　不易把握的外轮廓造型和整体感觉宽松而又部分包裹窄小的不同部位的尺寸放量，是本款设计的重点所在。中腰至胯骨部位是包裹紧致的部位，腰裥部位采用另料斜裁方式使之合体，此部位以下收褶裥几厘米，合体部位在此处结束之后放开，臀部整体放松度最大，至膝盖部位都较宽松，然后裤口处逐渐收小，裤口处装拉链以便穿脱，如图 4-18 所示。

　　最后根据所作纸样制作成实物，但可惜实样未拍照存留。

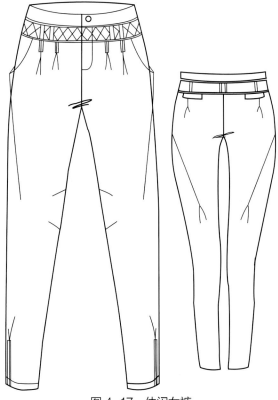

图 4-17 休闲女裤

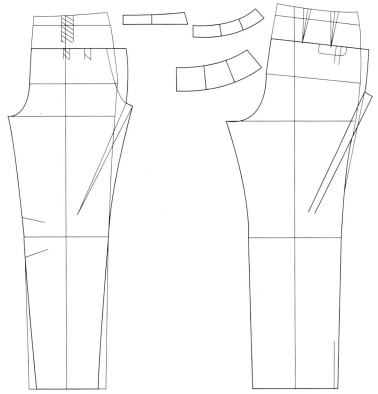

图 4-18 休闲女裤裁剪图

第七节　暗黑系休闲中性裙裤

如图4-19，这是一款似裤又似裙的下装设计，风格随意而神秘。判断裤子和裙子的区别只有一个，就是看有裆还是无裆，有裆的是裤子，无裆的是裙子，裙裤归属于裤子类。这样的区分方式简洁明确，有助于我们分析下装款式。

图4-19　暗黑系休闲中性裙裤（采自颓废元素淘宝店）

此款暗黑系休闲中性裙裤设计无实样，只有图片可供分析。结构上较难判断如何构成，以及尺寸上的采量跨度较大和较自由，并无严格的尺寸把控。实际结构制作中发现，裤腿其实是没有成圈状的、自由垂荡后形成的类似裤腿的形状。裆部类哈伦裤并且垂荡量较大，经过几次平面上的构成思考后，用小比例纸样折出类似形状，估量出折裥量后取相似布料在裤模上裁出大致的试样片，再取下试样片做成初步纸样，在纸样上修正修顺。取得纸样后制作出实物。

裁剪图中的尺寸是实际制作实物的尺寸，此类款式对尺寸要求相当自由宽松，根据自我所要的效果判断和进行试样后再做出最后的裁片，并无很特定的尺寸要求。尺寸的偏差量对效果的影响也并不大，如图4-20所示。

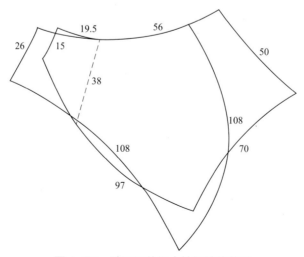

图4-20　暗黑系休闲中性裙裤裁剪图

思 考 题

1. 选择一般的常规款式做纸样的制作练习，用制作基本结构图的方式结合人台来进行。

2. 做设计性较强的与常规款相比变化较大的款式纸样练习，用牛皮纸在人台上试裁片。

3. 选择结构设计上极有特色的或者造型非常夸张的款式来做练习，运用尺寸判断的能力，并且要用坯布来进行试样，可用平面和立体结合的方式进行，视实际需要或平面方式为主立体为辅，或立体方式为主平面为辅。

第五章

驳样训练的意义及实例

第一节　驳样练习的重要作用和意义

服装的驳样指的是对成衣的一个纸样复制过程。即在只有成衣而没有纸样的情况下对成衣经分析测量后，综合造型、尺寸、面料等因素进行样衣的复制。作为现代服装工业生产中的组成部分，驳样是对样衣的全部复制，无需创造性思维，只需严格照搬复制就可以。驳样制作准确与否，将直接影响服装成品的外观形象、规格和内在质量。因此操作时必须做到严密、准确和规范。

这里我们重点讨论的是通过驳样来学习服装结构设计。从学习服装结构设计的角度来说，通过驳样的方式是一种极好的却被普遍忽视的方式。因为驳样的过程相当于是结构设计的一个反推过程，是服装结构的反向求证法。同时由于需要和工艺设计方式紧密结合才能进行，所以对于锻炼和理解结构设计极有帮助，是一种很好的学习结构设计的方式，应起码占到总训练量的二到三成为佳。这是因为我们一般没有机会学习到很多不同风格和不同体系下的服装结构设计形式，但是成衣驳样提供了这样一个机会；另外一个原因是从结构到成衣是一个顺向的过程，如果能经历从成衣到结构这样一个反向推导过程的学习，就能够对结构设计的学习起到非常直观和全面的帮助。往往一个事物从反向角度去看的时候能看到不同的意义和风景，对结构设计的认识和体会也就更加深刻。所以服装的驳样从学习的角度来看，在服装结构设计教学中是一个新的视野和课题。

驳样反向推理和常规正向设计的关系如下所示：

原设计 ➡ 纸样 ➡ 成衣

成　衣 ➡ 纸样 ➡ 还原设计

驳样的技术要求是要尽量完全地忠实于原版的尺寸和版型风格。因为在未完成驳样前我们不知道原版服装的结构形式，只有完全忠实地驳出样来才能知其原貌，只有知其原貌才能更好地分析其纸样风格，揣摩设计师的意图和思路。所以在驳样未完成以前不能轻易地从主观推测来作改变，就算要变化，也要在分析透原版的基础上进行才是合理的，也就能起到通过驳样来学习服装结构设计的本来目的。

选择驳样的母版最好是选用中号的，因为一般的母版都是采用中号，所以在测量尺寸时能够保证所测数据的准确性。另外就是选用的母版最好是比较大牌高档的服装。因为大品牌服装的结构设计水平一般都比较高，基本上都出自高水平的设计师和版师之手，所以也就更具有学习和参考价值。

第二节　驳样的方法和过程

1. 测量法驳样

这是对普通款成衣驳样时使用最多的一种方法。即对样衣每一局部的形态、规格以及各部位之间的相对位置进行认真的测量。由于服装造型的立体性和服装面料纵横丝缕的不稳定性，使得对样衣部位尺寸的测量有一定的难度。因此，在驳样前，首先要准确地确定样衣的横竖丝缕，再对样衣上每一根线条的位置、斜度、曲度以及长度等仔细测量，有些数据必须多方位地测量核证，再根据测量所得的各部位数据进行制图打板。

首先是测量成衣尺寸。为了把需要的衣服款式的纸样用所测量的数据反推导出来，而且这个制版的过程是预先不知道的，所以必须要测的尺寸和部位就比自己打纸样时要多得多。因为这是用我们所不知道的纸样做出来的衣服。而这也反过来证明了服装结构设计是有不同的方法和流派的，是有不同的规则的，不是纯技术的，而是有感性的部分和因人而异的理解成分在里面的。

一般外贸或进口品牌的高档次样衣因为曲面多，所以驳样难度大。而较平面化的版就容易驳样，这类衣服甚至只要平摊在桌上用大头针就可以驳出来了。驳样前要测量的尺寸部位按步骤进行可以分成两个部分：

大尺寸：所谓大尺寸就是服装的规格尺寸部分。规格尺寸是组成一件服装的框架结构所需要的尺寸，是制订号型和纸样师制纸样的依据，也是开始做驳样时的起步依据，所以这类尺寸是必须要有的。

小尺寸：所谓的小尺寸，是因为它们不像规格尺寸那样是必须要有的，也是一般顺向做结构设计时可以灵活掌握的尺寸，而并不是定死的细部尺寸。但是在驳样的过程中就需要有，因为如果没有这些细部尺寸，就谈不上忠实于原版风格的驳样最基本要求。这些尺寸数据是摸索和判断原作者设计意图的重要手段，也是在推导过程中局部的依据，甚至是需要凑数时的参考数据，所以一开始就要尽量量出所有细部尺寸，并且很可能需要在制样过程中不断地再次补充测量。

一般需要测量的部位如下：

上衣　主要部位：前胸宽、前衣长、后衣长、后胸宽、总肩宽、领大、袖长、袖口。

细部：前胸宽、后背宽、前袖窿深、后袖窿深、前领宽、后领宽、后领深、肩宽、前肩高、后肩高、腰节、摆围、小肩长、摆缝长、袖根肥、袖出高、袋口宽、袋口长。

裤子　主要部位：裤长、腰围、臀围、裤脚口。

细部：前腰围、后腰围、袋口长、侧缝线、下裆线、前裆、后裆、腰头宽、门襟长、门襟宽。

方法是先把样衣平摊在桌子上，一定要摊平，不能拉扯，尽量不让它起皱，必要时可以轻轻地熨烫一下。先量大的尺寸，再量小的部位尺寸，还要同时测量对称的各部位尺寸，并且测量时为了减少误差的产生，尽量还原原版尺寸和样貌，同一部位的尺寸都需要测量两次以上。如果是对称的，必须同时测量左右两边，取中间值或者靠整数原则来判断。因为成衣在制作过程中会有尺寸的误差，如裁剪、车缝、熨烫等，甚至运输、天气状况和穿用的过程中都会造成误差。

对于某一类的款式尤其是欧版的衣服，由于其设计的立体感较强，完全平面的方式测量对于数据和造型的判断会不准确，就需要借助人台穿着后，用立体测量的方式来做补充才更为准确。

2. 分解法驳样

对不易掌握的复杂造型结构的服装，在有可能的情况下对其进行解剖、分析，即将服装的缝线拆除，将各衣片按横竖丝缕放平直，抓住结构关键，画出结构裁剪图。采用该方法操作时的难度在于：由于服装经缝纫、熨烫等加工制作后，已经物理变形和结构或工艺设计上被做了变形处理，尤其是对胸部、臀部、腰部、袖窿、领围等关键部位的测量很难准确把握。

分解法驳样的操作方法如下：首先将样衣的所有缝线拆除，然后用熨斗将样衣片的各条折缝熨平，横竖丝缕对齐放平，每一片裁片经纬向丝缕熨直。在每一片裁片上找出纵横对称轴位置，测量去除缝份后的净规格，一边测量一边做好记录。绘制样板时要考虑各种导致样板变形的因素，如熨烫、缝纫、缩水、归拔等因素适当做出细微调整。

3. 立体法驳样

这一类的方法一般用于立体感强的版样。把要驳样的衣服穿在人台上，用薄棉布敷在衣片上进行拷贝。拷贝完成后修正棉布线条并拷贝出纸样。对得到的纸样再进行测量，与衣服测量的数据进行对比修正。

以上几种方法根据不同的情况是可以相互结合用的，如口袋、领面等部位一般都是平面的，所以可以放在桌面上用针标出位置就可以完成纸样。

4. 涂擦复制法驳样

涂擦复制法，这种技术是借助坯布、大头针和一种特制的蜡片作为工具，将坯布覆盖在服装原样上进行涂擦，然后根据涂擦后的坯布整理和打版整理制作，以达到不拆样衣的状态下就能较为准确地复制出裁片、记录复制服装版型的目的。这也是学习和参考优秀版型的捷径和好方法。

涂擦复制法根据具体款式，可平面也可立体方式进行。平面涂擦复制法的方式适用于款式简单，款型较直观平面化、宽松休闲化的服装类型；立体涂擦法适用于款式结构较立体，复杂和巧妙，线条曲面化的合体服装类型。

第三节　驳样实例

真正理解驳样实践的意义，可以让学习成为一个乐在其中的过程。当我们像庖丁解牛一般地把成衣还原成平面纸样结构的时候，就好像在进入并且解读设计者的思想和灵魂。就如同我们在阅读一本书的时候，就像在阅读作者本人的思想和风格理念一样，如图 5-1 牛仔服款式图，图 5-2 牛仔服结构设计图和图 5-3 裁片分解图所示。

款式图一：平面版驳样实例

图5-1 牛仔服款式图

图5-1样衣经测量后数据如表5-1所示。

表5-1 测量数据 单位：cm

部位	数据	部位	数据	部位	数据	部位	数据	部位	数据
前半胸围	51	前门襟长	49.5	袖山高	15.5	袖叉高	6	翻袋高	5
后半胸围	51	后衣长	60	袖长	58	领底长	44.5	翻袋宽	12
前半腰围	46	全肩宽	43	袖肥	37	领面长	46	插袋宽	1.5
后半腰围	46	小肩宽	12.5	袖口长	22	领高	7	插袋高	14.5
前半下摆	49	过肩宽	2	袖口高	4.5	领口长	7	下摆高	4.5
后半下摆	49	整袖弧长	54	袖肘肥	31	前胸宽	35.5	门襟宽	3.2
前衣长	58	前袖弧长	27.5	大袖肥	25.5	后背宽	37	口袋布	20
后中衣	58	后袖弧长	26.5	小袖肥	11.5	侧缝长	32.5	下摆襻	3×9

牛仔服结构设计图见图5-2、图5-3所示。

如果一件服装的造型较为平面化，那么驳样的难度就大大降低了，只要经过仔细地测量数据后就可以进行了。如果款式简单，那么平摊在桌上用大头针扎出结构点和弧线部分就可以把服装裁片复制下来。款式复杂的就不但要运用到结构设计的知识，还需要一定的判断能力和经验，此外还可能有一系列的综合甚至拼凑才能较好地达到所要的结果。因为驳样毕竟是在没有原始纸样的情况下进行的，而成衣经过了一系列的裁剪、车缝、归拔和熨烫工艺，还可能经过了穿用的过程，面料的丝缕向、长度等都有可能发生了改变，要在这样的前提下把原纸样恢复到尽可能相似的地步，没有扎实的服装结构设计基础和丰富的实践经验是不可能很好地完成这种复制工作的。

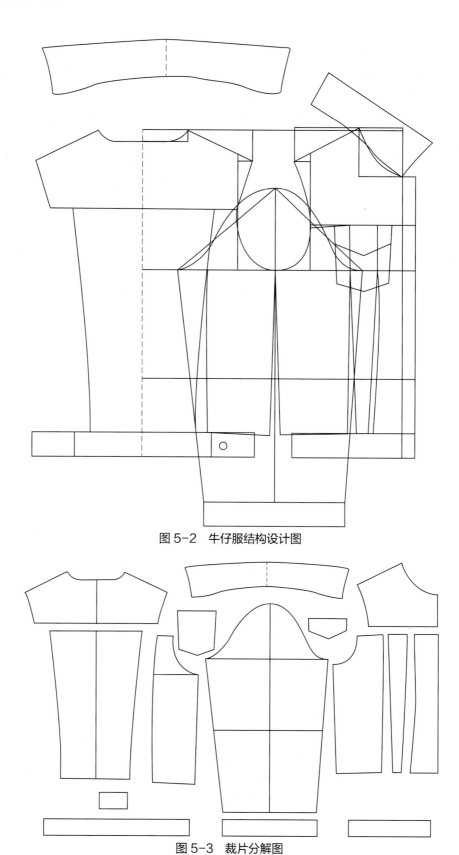

图 5-2　牛仔服结构设计图

图 5-3　裁片分解图

款式图二：曲面版驳样实例

　　欧版风格的服装由于其设计思路和文化习惯的原因，其版型一般会较多地出现三维立体造型，这时候驳样可能就不仅仅是测量数据那么简单。最重要的是做各方面的分析判断，需要借助服装人台，从结构设计上、从纱向上等进行。必要时，很可能还需要对衣服进行分解，即拆开部分衣片的缝合线。拆开的过程中还需要小心，不能有强力拉拽等动作以免衣片变形而影响裁片的复原过程。款式和工艺较复杂的，还要一边拆一边做出标记。因为这样的版型往往和国内的普通版型差异较大，结构知识上的辅助作用相对会弱化，需要在测量的基础上依靠立体辅助等多种方式进行综合判断分析，如图 5-4 欧版风格女时装款式图、图 5-5 结构设计图和图 5-6 裁片分解图。

图 5-4　欧版风格女时装款式图

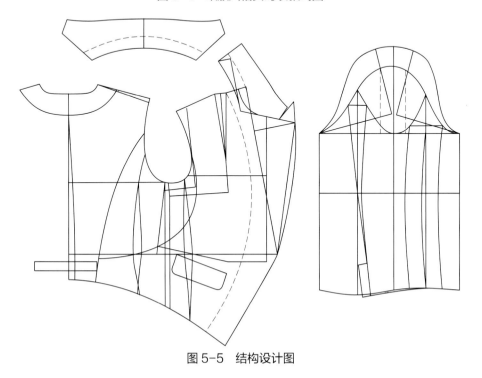

图 5-5　结构设计图

图 5-6 裁片分解图

款式图三：涂擦复制法复制服装款型实例

涂擦复制法复制服装见图 5-7 所示。

图 5-7 中的数据见表 5-2 所示。

图 5-7 Amani 女装

表 5-2 测量数据　　　　　　　　　单位：cm

部位	数据	部位	数据	部位	数据	部位	数据
前半胸围	45	前衣长	59	袖长	63.5	大袖肥	23.5
后半胸围	43	后中长	55.5	袖口长	12	小袖肥	8.5
前半腰围	36	全肩宽	38.2	整袖弧长	50.5	袖肘肥	29.5
后半腰围	38	小肩宽	8.7	前袖弧长	25	领底长	45
前半下摆	25	侧缝长	34.5	后袖弧长	25.5	领高	8
后半下摆	25	袖山高	17.5	袖肥	37	领驳口长	7.5

用涂擦复制法复制样衣的步骤是：先分析款式，研究样衣的风格、结构和工艺特征，做好笔记和绘制平面图等，测量尺寸（可平铺或穿在人台上进行）。然后用大头针标注布丝方向、剪口、对位点和结构分割等部位。所选用的坯布的厚薄、布丝向和弹性等要尽量接近原版的特性，这样所得到的结果才更精确，更接近原版风格。涂擦前要注意用各种工具如大头针等做好固定，复制涂擦时用手帮忙固定，以防发生位移而影响线条和造型的精确性。

涂擦完成后，要对坯布裁片进行调整修改。因为成衣在熨烫、穿用和洗涤过程中可能导致裁片变形，同时涂擦时因某些特定部位的不平服也不能保证完全准确。所以，在完成裁片修正的基础上，重新将整件衣服用大头针重做一次拼合审视是必要的。在条件允许的情况下，可用坯布作整件的缝合，以验证是否复制得准确，再做微调后做出最后的纸样。

如果要做改版纸样，在以上百分之百地原样复制的基础上，再进行改版较为合理有效。因为一是有原版的结构线作参考依据；二是通过原样复制可以学习他山之石，对于积累版型经验是很好的途径。

涂擦复制法的精确程度虽不及分解驳样法，但它具有耗时较短和不损伤原样的特点。操作者可以仅仅复制原样的某一部分或整件原样，并且可以通过替换面料、改变衣长、增减装饰等方式完成一件新的设计。

最易使用涂擦复制法进行驳样的服装，是那些直裁的服装，或是格子、条纹面料的服装；紧身服装的驳样较为困难，因为它的面料已受力变形；有褶皱设计或复杂垂坠效果的服装也较难驳样，这是因为它们的经纬纱线不易辨认，或结构难以标记；斜裁的服装的版型则更难复制，由于其面料已被拉伸，因此需要在操作过程中更细致地调试。

下面将以图 5-7 Amani 女装的驳样为例，介绍涂擦复制法的具体步骤，见图 5-8、图 5-9 所示。

图 5-8　涂擦法复制过程（一）　　　　　　图 5-9　涂擦法复制过程（二）

步骤 1：观察原样

在开始操作前，先画好平面款式图，款式图要能够完全符合和体现衣服的造型和风格。仔细观察原样并且量好所有部位的尺寸。预先了解将遇到的情况有助于复制过程的顺利进行。此款女装采用的是针织面料，没有用里布，裁剪非常合体。假如类似面料比较难找的话，用坯布进行斜裁也是一个选择，但操作难度较大，因为斜裁的精确度较难控制。实际操作采用了坯布 45° 斜裁手法进行复制。需要注意的是，斜裁的两边裁片要相对才能做到对称。

步骤 2：标记布纹线和原样

取布时一定要用撕布的方式，不能用剪刀剪布，因为只有撕布才能让布边保持完整的经纱或纬纱。使用熨斗熨烫来纠正纬斜，在坯布上用铅笔画出与原样上的参考线距离一致的布纹线；在服装原样上用立裁针沿着经纬纱线方向别出布纹线。可用一根线吊挂重物的方式，自然从肩颈点垂下，尽量避开省道找到直纹线，因为省道处的布纹已经错位，因此别针时要尽量避开省道和褶裥这些细节。至少别三根针。并用立裁针标记出胸围线和腰节线。在人台上，用针将坯布与原样别合在一起，同时预留出省量等细节所需容量（本款女装无省道），在坯布上用特制的蜡块涂擦出前后片辅助线和轮廓线。

步骤3：按步骤涂擦复制

别合时必须将坯布上的布纹线与原样上的参考线一一对应，从最简单的部分——前中线开始操作，然后由内至外，逐一别合每一条布纹线。即便驳样的对象是合体的服装，在身体曲线明显的胸、腰、臀等部位仍要为坯布留出适当的松量，一般约为5cm。修剪接缝线的缝份时，预留的缝份量要多一些，以便将来调整松量之需。臀腰之间由于曲度较大，此处的坯布不服帖，可以在侧缝线外打些剪口，使腰部服帖于原样。一般的剪口都要斜剪，这样布丝在操作的过程中不易扯坏。如果在涂擦过程中有错误需要修改，可以用另一种颜色比如红色的蜡块来涂擦代替前面错误的涂擦线。按所量的细节尺寸依次做出右前片的褶裥造型，最后的完成状态必须是缝头光边的形态。袖子根据衣摆线和袖底一起确定重心线。袖肥两边也是放出松量5cm，袖山一边插针一边用手指推出吃量，袖底修成弯势，袖山固定后拿下来平放桌上，小袖放到大袖上确定纱向，再放上人台做出整袖造型。最后做领子的涂擦复制，分领底和领面两步进行。

步骤4：点影与校正

完成坯布与原样的别合后，用易着色的笔在坯布上标记出轮廓线和结构线的位置即点影线。因为只有点的位置是最精确的，点与点的间距不宜过密或过疏。在线与线的交点处，可以使用"+"号来标记。点影完成后，取下坯布，去除上面的针，用直尺将坯布上的点连成线，可以用旋转直尺的方式来绘制弧线。

步骤5：坯布拓印

最后，将坯布上的纸样拓印拷版到纸样上，可以用滚轮来做拷贝的工具。弧线造型要流畅（如遇分割块较多的情况，先做总的拼合后的整体裁片图，再进行裁片的解剖分割和细节调整），检查接缝和省缝的长度，布样上如有错位的线取中间值，经反复校正后，最终完成纸样的绘制，如图5-10所示。

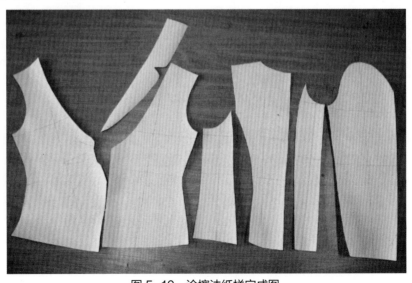

图5-10 涂擦法纸样完成图

思考题

1. 选择不同的款式做驳样练习，遵循先易后难的原则，用不同的方法来做练习。
2. 练习用涂擦法来做驳样和仿款练习。
3. 在熟练运用涂擦法驳样的基础上，做一些衍生设计练习。

第六章

东方式的服装结构

中式裁剪是东方式的服装结构设计中的一座亟待开采的富金矿。由于历史等多方面的原因，中式的裁剪结构设计至今没有被国内服装界很好地加以研究和运用。之所以 20 世纪 90 年代国内服装设计界有所谓的民族化和国际化之争论，是因为对民族化的理解不够，国际化又实践不到位的状况之下产生的一种焦虑。我们现在一般所讲的服装结构，本质上都是西式的，是从西方引进和发展起来的。传统的比例法裁剪等方式，从根本上来说，也是西式服装裁剪观念的延伸和发展。

中国文化是一种隐喻文化，偏重抒情艺术性，追求服装构成要素的精神寓意和文化品位，所表现的是一种庄重、含蓄之美。中式的美学注重人体的自然曲线美，因此中式结构的裁剪风格特征是长直线型，不拘泥于细枝末节，注重人体若隐若现的自然状态的显现。体现在裁剪结构上，是一种带有如同水墨写意画那样的风格，写意而传神，并富有内在的结构和工艺上的逻辑性，注重感性的美学表达，甚至是带有哲学意味的。

中式服装的美学特点，反映了中华民族的审美心态和文化特征，追求闲适、平淡、中庸，追求超出形体之外的精神意蕴。

中式服装像平面的绘画，西式服装像立体的雕塑；中式是水墨画，西式是油画；中式服装表现两维效果，忽略侧面结构设计，西式服装强调三维效果，适合人体结构特点并适应人体运动规律。

中式服装的斜交领、对开 V 领、直立领、衣服下摆两侧开衩、清代箭袍式的前后左右开四衩，以及衣服的对襟、大襟、一字襟、琵琶襟等，都是有东方特色的局部细节，常被设计师用作表现中国服装趣味的处理手法，其中中式立领和衣服下摆两侧开衩最为典型。

从装饰特点看，由于中式服装是平面直线裁剪，表现的是二维效果，所以装饰也以二维效果为主，强调平面装饰。装饰手段是中国传统的镶、嵌、滚、盘、绣等几大工艺。

综上所述，中式服装同样具有丰富的内涵和鲜明的特色，所以不能忽略对传统的中式服装结构的研究和发掘。新生代的优秀设计师理应达到中西贯通的境界，才能站在国际视野的角度上来理解设计。

受限于篇幅和资料发掘的有限以及个人能力的限制，在此只能对传统的裁剪形式做一些抛砖引玉式的简要罗列。

第一节　汉服（中式服装）

汉服不是指"汉朝服饰"，而是泛指中国汉族的传统民族服饰，是世界上最悠久的民族服饰之一。汉服定型于周朝，并通过汉朝依据四书五经形成了完备的冠服体系。

汉服的基本特征：交领右衽（兼有盘领、直领），褒衣大袖（亦有窄衣小袖），无扣结缨（几乎不用纽扣，而于腋下结缨系带），线条流畅，飘逸潇洒。汉服基本结构体系：首服、体衣、足衣、配饰。

汉服文化博大精深。中国自古就被称为"衣冠上国、礼仪之邦"。汉服代表着中华民族优雅、博大的气质，古朴自然的审美情趣及天人合一的文化内涵。

中国古代汉族人的服装以"上衣下裳，交领右衽，宽袍大袖"为特色，其中常见的深衣是上衣和下裳相连在一起，用不同色彩的布料作为边缘，使身体藏而不露，雍容典雅。

深衣宽大的衣袖呈圆弧状以应规，交领成矩以应方，代表"不依规矩不成方圆"；腰间的衣带象征着做人要平衡中正。上衣用布四幅，象征一年四季；下裳用布十二幅，象征一年十二月，人的生活起居顺应四时、十二月之序。人穿上了深衣，不但应了天时地利人和，在进退行走之间还要想到为人的权衡中正，顺应四时的起居习惯，与天地自然相融合。深衣象征着天人合一、恢宏大度、公平正直、包容万物的中国传统美德。深衣的袖口宽大，象征天道圆融。领口左右相交，象征地道方正。交领的右衽覆盖于左衽之上，也体现了右衽为阳在外，左衽为阴在内的阴阳观念，显出独特的中正气韵，代表做人要不偏不倚。深衣背后有一条直缝贯通上下，象征人道正直；腰系大带，象征行动进退符合权衡规矩。

汉服是从黄帝即位到公元17世纪中叶（明末清初），在汉族的主要居住区，以"华夏-汉"文化为背景和主导思想，以华夏礼仪文化为中心，通过自然演化而形成的具有独特汉民族风貌性格，明显区别于其他民族的传统服装和配饰体系，是中国"衣冠上国""礼仪之邦""锦绣中华""赛里斯国"的体现，承载了汉族的染织绣等杰出工艺和美学，传承了30多项中国非物质文化遗产以及受保护的中国工艺美术，如图6-1至图6-3所示。

图6-1　汉服斜襟

图6-2　汉服款式图

图6-3　汉服、韩服和和服

1. 中式结构

以下是典型的中式服平面图，见图6-4、图6-5所示。

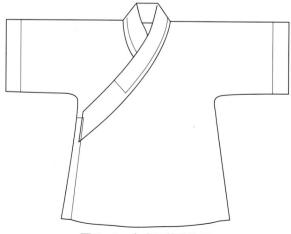

图6-4　中式服装结构图

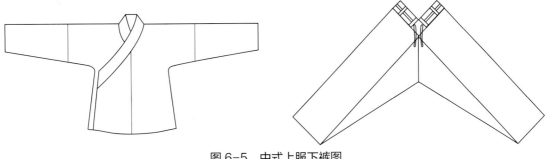

图 6-5　中式上服下裤图

　　以下是汉服的典型结构形式，以及和现代西式裁剪的重叠对比形式图，如图 6-6 至图 6-8 所示。

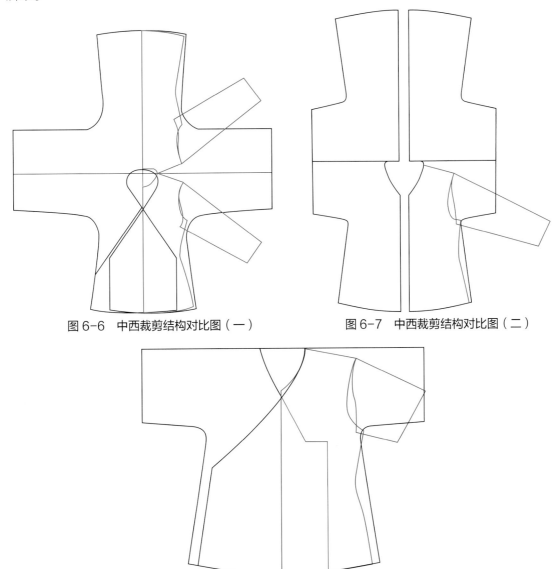

图 6-6　中西裁剪结构对比图（一）　　　　　　图 6-7　中西裁剪结构对比图（二）

图 6-8　中西裁剪结构对比图（三）

2. 马褂

马褂和中式服上装，是民国时期的典型服装款式。平面图和裁剪图见图6-9至图6-13所示。

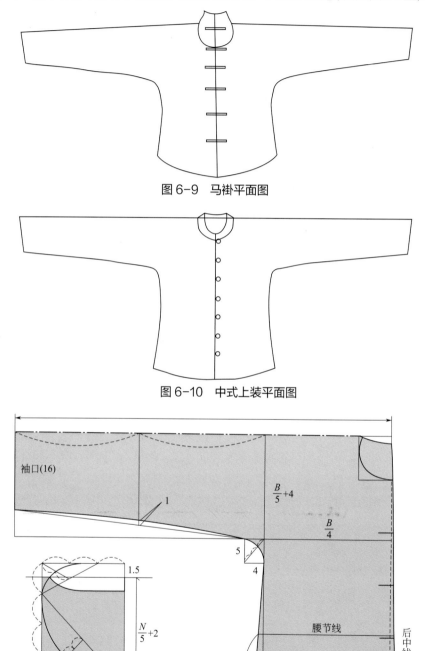

图6-9　马褂平面图

图6-10　中式上装平面图

图6-11　中式褂子裁剪图

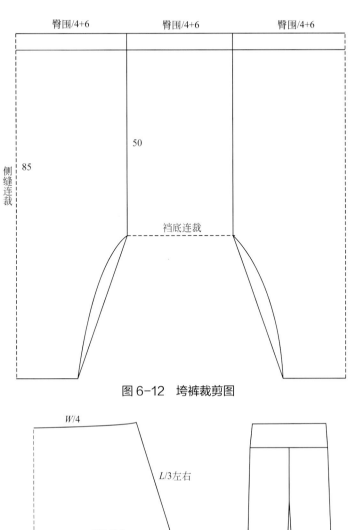

图 6-12　垮裤裁剪图

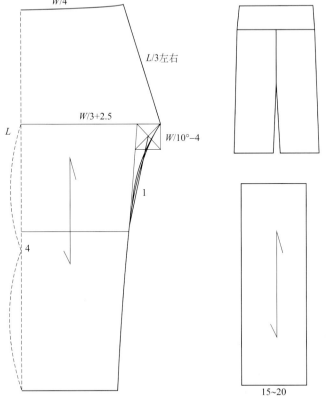

图 6-13　中式裤裁剪图

3. 中山装

中山装是以中国革命先驱孙中山先生的名字命名的一种服装，是在日本学生服装的基础上设计出来的。中山装的前襟的四个口袋代表礼、义、廉、耻；袋盖为倒笔架形，寓意以文治国；前襟的扣子为五个，寓意五权分立，即行政、立法、司法、考试、监督；袖口的三个扣子代表三民主义，即民族、民权、民生。款式图及裁剪图见图 6-14、图 6-15 所示。

图 6-14　中山装款式图

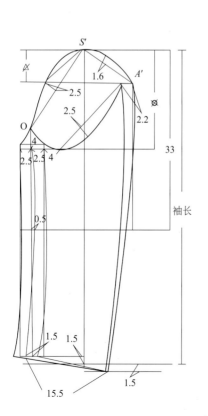

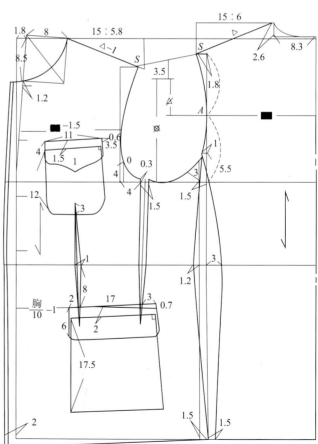

图 6-15　中山装裁剪图

4．旗袍

　　旗袍是中国女性的传统服装，被誉为中国国粹和女性国服。现代流行的旗袍属于"改良旗袍"，从遮掩身体的曲线到显现玲珑突兀的女性曲线美，旗袍已经摆脱了旧的模式，成为独具民族特色的女性时装之一。见图6-16。

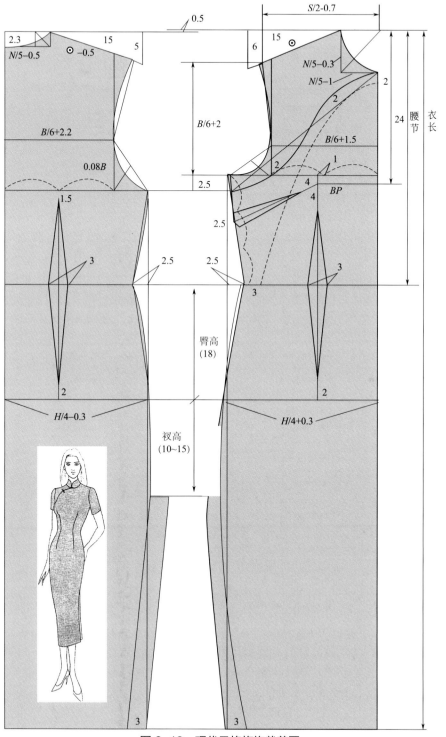

图6-16　现代风格旗袍裁剪图

第二节　韩服与和服

1. 韩服（朝鲜服）

韩服，是中国明代汉服传入朝鲜后发展而成的服饰。成型于李氏朝鲜时代（公元1392~1897年）。特色是颜色艳丽以及没有口袋。在韩国通常自认为韩服拥有三大美，即袖的曲线、白色的半襟以及裙子的形状。韩服的线条兼具曲线与直线之美，尤其是女士韩服的短上衣和长裙上薄下厚，端庄娴雅。拥有古老哲学理念的韩服，不仅美丽且兼具实用性。

韩服是承载了13项制衣技艺的朝鲜民族重要非物质文化财产，包括韩山苎麻编织、织绸、罗州粗布编织、染色匠、金箔匠、针线匠、刺绣匠、镂绯匠、结扣匠、宕巾匠、制冠术、网巾匠、靴鞋匠。

韩服女装由短上衣和宽松裙子组成，显得十分优雅。男装由上衣和裤子组成。作为白衣民族，韩服基本色为白色。根据不同季节，不同身份其着装的穿法、所用的布料和色彩也不同。

韩服（朝鲜服）还可掩饰体形上的不足，使体形较矮的人看上去较高，较瘦的人看上去较丰满，增添女性之美。如今大部分韩国国民已习惯穿着洋装西服。但是在正初节（农历正月初一）、秋夕（中秋节）等节庆日，或行婚礼时，仍有许多人喜爱穿传统的民族服装。女性韩服是短上衣搭配优雅的长裙；男性则是马褂或者"褙子"搭配长裤，而以细带缚住宽大的裤脚。上衣、长裙的颜色五彩缤纷，有的加刺明艳华丽的锦绣，如图6-17所示。

图 6-17　韩服款式图

2. 和服

和服（着物==きもの，kimono），是日本的民族服饰。江户时代以前称吴服，语出《古事记》《日本书纪》《松窗梦语》，源自日本本土弥生服饰结合古代中国吴地服饰、唐代服饰、西洋传教士服饰的混血产物，德川家康时期正式称为和服。在此之前，日本的服装被称为"着物"，而日本古代所称的"吴服"是"着物"的一种。和服可分为公家着物和武家着物。现今所谓和服实即古时之小袖，小袖的表着化始自室町时代，贵族的下着白小袖逐渐成为庶民的表衣。"着物"除了包括"吴服"之外还包括肩衣袴、源自平安时代的狩衣等，这些都非源自吴服，而是源自本土的传统服饰。十二单则是由奈良时代的裳唐衣加以改良而成，之后又有变化和创新。

　　和服起源可追溯至公元 3 世纪。到了奈良时代，日本遣使来中国，获赠大量光彩夺目的朝服，日本开始效仿隋唐服饰。至室町时代，和服在沿承唐朝服饰的基础上改进，而和服腰包则是受基督教传教士穿长袍系腰带影响而创造。日本人将他们对艺术的感觉淋漓尽致地表现在和服上。在日本，出席冠礼（成人式）、婚礼、葬礼、祭礼、剑道、弓道、棋道、茶道、花道、卒业式、宴会、雅乐、文艺演出以及庆祝传统节日的时候，日本人都会穿上端庄的和服去参加。和服的穿着文化及礼法被称为装道。和服承载了近 30 项关于染织技艺的日本重要无形文化财产以及 50 多项日本经济产业大臣指定传统工艺品。制作和服的越后上布、小千谷缩以及结城绸更是录入了世界非物质文化遗产名册，如图 6-18 和图 6-19 所示。

　　和服属于平面裁剪，和服裁剪几乎没有曲线，即以直线创造和服的美感。用以制作和服的面料，是一个完整的长方形，所以和服在量体裁衣方面比较自由。如图 6-20 和图 6-21 所示。

图 6-18　古代和服

图 6-19　现代和服

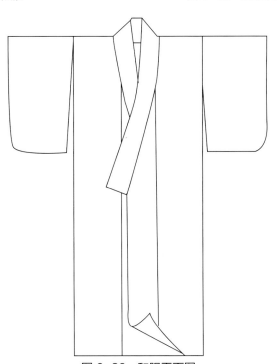
图 6-20　和服平面图

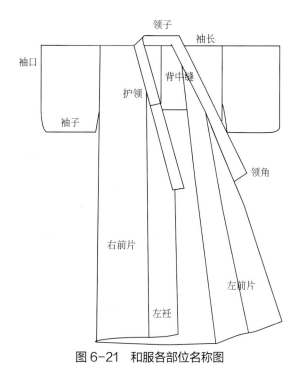

图 6-21 和服各部位名称图

第三节 阿拉伯长袍、哈伦裤与印度纱丽

一、阿拉伯长袍

阿拉伯长袍（迪史达什），是阿拉伯民族男子的传统服装。阿拉伯妇女的长袍，也是肥袖宽腰，长垂到地。外层穿的黑袍一般是用真丝绸缎做成的，也有少数浅蓝、浅绿、浅黄色的，里边再穿一件真丝印花绸或薄纱的长袍，显得雍容华贵、典雅大方。

阿拉伯长袍按国家的不同，分为不同的款式，主要有沙特款，伊拉克款，苏丹袍，阿曼袍，摩洛哥袍等，见图 6-22。

图 6-22 阿拉伯妇女的长袍

二、哈伦裤

哈伦裤是来自于穆斯林妇女服装，这种裤子的名称来源于伊斯兰词汇"哈伦"，它起源于伊斯兰后宫女子的穿着，所以又名"伊斯兰后宫裤"。这种裤子有着伊斯兰风格特有的宽松感和悬垂感。

早在20世纪初，著名服装设计师保罗·波烈就大胆吸收了穆斯林妇女服装宽松、随和的样式，将解放了的身躯和精致的丝绸搭配，打造出一种轻松优雅的感觉，给穿惯了束身衣的欧洲女性带来了一股自由的暖风。

2007年后流行的哈伦裤不同于以往，在经过时尚轮回后，众多设计师为哈伦裤不断地注入新鲜血液，哈伦裤的细分种类也越来越多，肥瘦和档位高低都不同，在细节处理和面料的选择上都有了改良。有的把裤腿设计为九分的束口式样，有的在裤脚上通过褶皱让裤子透露着伊斯兰风格，有的还添加进工装裤的细节，宽松的舒适感与时尚感并重。哈伦裤超强的垂坠感，能很好地掩盖身材上的缺陷。如窄脚哈伦裤：小腿部位尺寸比较窄，但臀部或大腿部保持原有的宽松和舒适。这种形态的裤子不仅可以拉长小腿，塑造出小腿的曲线轮廓，还可以有效地掩盖臀部或者大腿处的缺点，有效地塑造腿部线条。哈伦裤裁剪图见图6-23。

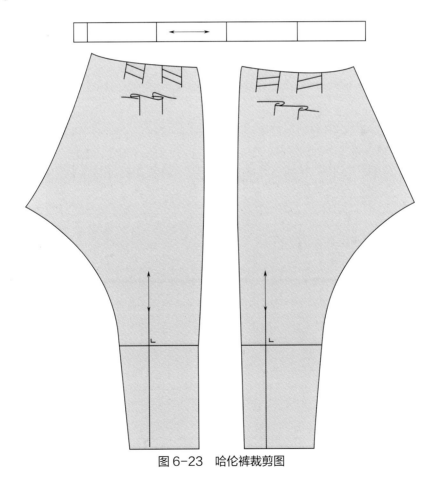

图6-23　哈伦裤裁剪图

三、印度纱丽

纱丽又称纱丽服，是印度、孟加拉国、巴基斯坦、尼泊尔、斯里兰卡等国妇女的一种传统服装。用丝绸制作的纱丽一般长 5.5m，宽 1.25m，两侧有滚边，上面有刺绣。通常围在长及足踝的衬裙上，从腰部围到脚跟成筒裙状，然后将末端下摆披搭在左肩或右肩，如图 6-24 所示。

图 6-24　印度沙丽

思考题

1. 做 3~5 款中式服装的结构设计练习以及变化设计。
2. 做一至二款和服的结构设计练习。
3. 尝试做东方式的结构设计练习，靠折叠手法无裁剪或极少量裁剪的款式设计。

第七章

结语

　　服装结构设计是服装设计的结构设计形式，并且是极其重要的形式和步骤之一，在其地位上不同于工业样板，是服装设计师的必备技能。服装结构设计对提高服装设计的有效性，提高设计者的工作独立性，以及提高服装设计的内涵、把握设计的风格等都具有极为重要的意义。很多服装设计大师，同时也是结构处理上的大师。服装结构设计是一种设计而不是纯粹的技能，它更多地体现设计者的美学感悟和判断能力，以及基于此基础上的创造性能力。反过来说，如果纸样的制作过程仅仅是数据和规则的应用，流程化地分配数据，找点、连线、成面的完全规则化的过程，那么它早就可以被计算机取代了。虽然结构设计在制作过程中有时需要计算一些数据，掌握一定的规则和方法也是必要的，但上述这些却不是最重要的部分。正是因为有非机械的成分在内，靠判断、靠直觉、有艺术性的成分在内，所以电脑在很长的时间里都不能取代它。但智能化是现代社会科技的发展大潮，服装结构设计领域也不例外。服装结构制版领域在几十年的发展历程中经历了从手工时代的直觉、经验和计算，到工业化时代的分工协作，电脑辅助，后工业化即信息化时代的逐步迈向智能化是一个必然的趋势。

　　服装院校的学生，在花费了大量的课时和精力，学习了很多堂皇的规则和方法，其实都流于表层次，最后却不能做出甚至只是合格的纸样，更遑论"精到"了。而另一方面，企业中的设计师和版师，有些人只掌握很少的方法，却能把纸样打得非常精到，这种现象常常引起笔者的思考。因为笔者在企业和学校两方面都有较长时间的经历，所以就渐渐悟出一些道理，那就是：方法、理论或套路，如果在没有吃透其中的一种之前，平行学习很多种方法反而不是好事，因为知识不等于智慧，理论上的"懂得"只是了解而不是真懂。

　　学习的过程有主动式和被动式之分。有效率的学习方式基本都是主动式的。服装结构设计的学习和提高过程并不在于背记了多少公式，学了多少种方法，而在于学习的时候各个知识点有没有"根"，有没有真正吃透其中的原理，会不会灵活变化，是学死了还是学活了，这才是真正的主动学习方式。随着时代的不断发展和科技进步带来的变化，服装款式越来越趋向个性化、多样化，这一客观现实要求我们学习的方式也应该相应地作出变化了。"知其根"的学习能使人积累正确的经验，提高更快，并且会形成自我成长的能力。

　　因此作者提倡一种有"根"的结构设计学习法，即最大限度地熟练掌握基本框架结构，可以参考本书所列的最基本结构图，包括上身和下身以及连身结构的框架，并且和立体人台的使用结合起来，很多的经验其实可以自己得出而无需借助书本。也可以先熟练掌握一至二种服装原型作为补充。在实际的使用过程中，无论款式的变化多大，其实都是可以和这种最基本的结构发生联系的，最终都要回到基本框架结构中来学会分析两者的相关联性和其变化的程度。这样做有助于加深基本功和理解力,是一种学习服装结构设计的捷径。

图 7-1 显示了我们平时如何不断地以标准纸样的数据和标准人体的关系为基本依据,推断出其他不同个体纸样的数据,以此方式来制作纸样。熟练地使用标准人台和标准尺寸,可以帮助我们准确快速地作出不同体型的纸样。然而并不是所有的特殊人体都能有相应的人台可用,有时候不一定方便也不必要测量太多数据,这时候就需要依靠和运用推理和判断。

图 7-2 服装基本结构框架树形示意图。

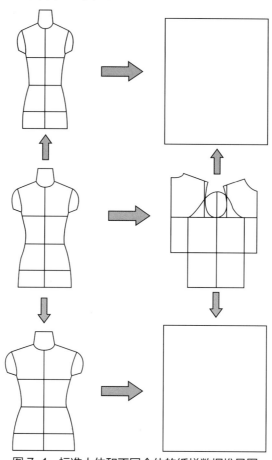

图 7-1 标准人体和不同个体的纸样数据推导图

学习服装结构设计的理论,这里提出的是知识树或者有机体理论。服装结构知识和结构设计的能力的习得应该是有机的,互相关联的,有机体才能自我成长和修复,有根的知识才是有机的,才能自然地茁壮生长并壮大。体现在一个人的学习中,就是看有没有学习到一种系统的知识和能力,有没有培养训练出感悟力和创造力。有系统的知识结构作基础,个体才能有进一步独立的自我学习、自我提高的能力和发展空间。所以在学习开始的过程中,一开始形成简洁有效的套路至关重要。结构设计能力的大小最终是由这个有机体的内在体质、外在养分、环境共同作用的结果,也就是个人的天赋、主观学习动机和外部学习条件、指导者和学习者的观念和能力等多种因素综合影响碰撞的结果。在纸样的数据、款型风格、处理方法上判断的能力有多高,是有做精微判断的能力还是只能做粗枝大叶式的规划,这些都是体现真正纸样水平的方面。现代社会对设计师的要求是角色的融合:即"设计师型的版师,或者版师型的设计师"。这两者都对结构设计的能力提出了很高的要求。

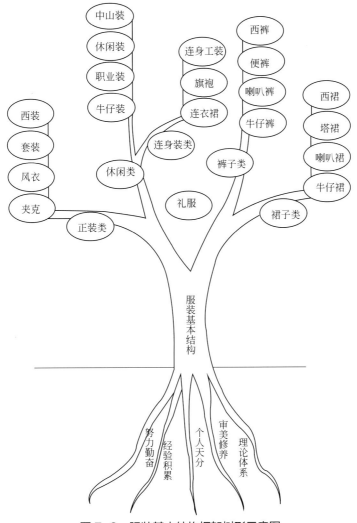

图 7-2 服装基本结构框架树形示意图

本书中心思想回顾：

1. 平面与立体从一开始就不可分也不应该分。
2. 倡导一种自由式的、目标导向式的训练法。
3. 结构练习的过程和方式要有"根"即系统化和实战化。
4. 判断力和创造力的培养比单纯知识和技能的累积更重要。

未来的趋势展望：

在科技越来越进步的今天，随着智能电子化技术在服装领域的深化发展，由于三维立体制版技术的出现和市场的变化趋势，以及智能化的制版技术的发展，二维平面和三维立体的手段趋向于融合。在不远的将来，结构设计的形式将是以电脑三维方式为主代替目前二维CAD设计方式为主的现状，以及智能化的设计方式代替手工作业式的设计方式。所以从学习者和从业者的角度来看服装结构设计，其学习方式和工作方式也应该作出改变。很多平面的经验会过时，很多新的方式和经验会产生，学习的效率和方向从未像现在那样，显得尤为迫切和重要。我们需要认清这样一个趋势，在学习时主动去顺应这种趋势并且作出改变。

综合练习题

1. 结合人台画出并讲述上装大身结构和袖山袖笼，以及领围和领子的结构关系，并熟悉常用一般数据。

2. 结合人台画出下装结构及常用尺寸数据，熟悉裆部结构及裙子和裤子的转化关系。

3. 结合人台画出连身结构的一般关系及熟悉人体尺寸常用数据。

4. 结合人台做出三种不同类型的原型并做各种省道的转移练习。

5. 用小比例裁剪图对 10 个款式图做出结构上的分析。

6. 选五个难度适中的时装款式做出一比一的手工和 CAD 纸样练习。

7. 选择三个纸样做出服装实样并试穿和核验纸样。

8. 选择三个难易层次的服装款式做驳样的练习并制作成完整的纸样。

学习心得记录：

1.

2.

3.

4.

5.

6.

7.

8.

附录

附录 1　小比例人体模型图

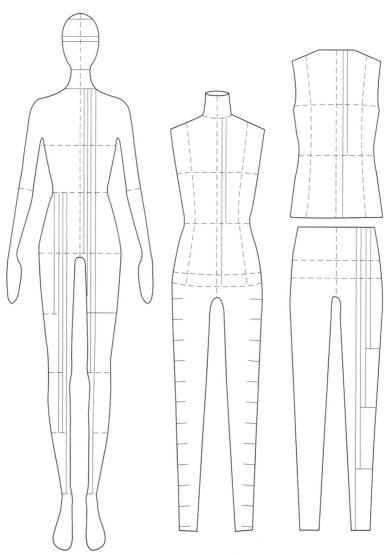

注：小比例人体模型图可剪下后当作画款式平面图的模板使用

附录 2 人体测量记录表

	人体或服装测量项	测量数据	女体尺寸参考 GB160/84A	男体尺寸参考 GB175/92A
1	胸围		84	92
2	腰围		66	76~78
3	臀围		88~90	92~94
4	下胸围		74	
5	全身长		160	175
6	全肩宽 / 肩宽		38~39	45~46
7	小肩宽			
8	颈围 / 领围		35	38
9	前胸宽		31~32	36~37
10	后背宽		32~33	39~40
11	前腰节		40	44
12	后腰节		40	46
13	颈椎点高		136	149
14	背长		38	43.5
15	胸高		24.5	25
16	胸距		18	
17	胯围		82~84	
18	臂根围 / 袖笼围			
19	臂长 / 袖长		51	57
20	臂围 / 袖肥		24~25	32~33
21	上臂长 / 半袖长			
22	腕围 / 袖口		14~15	17~18
23	掌围 / 袖口		21~22	25~26
24	头围 / 帽口		56~58	58~60
25	腰高		98	106
26	腿长 / 裤长		100	105
27	臀高		17~18	17.5~18
28	大腿围		52~54	56~58
29	膝盖围 / 中裆围		34~35	37~38
30	小腿围		31~32	35~36

	人体或服装测量项	测量数据	女体尺寸参考 GB160/84A	男体尺寸参考 GB175/92A
31	膝盖长		45	50
32	脚口围 / 裤口		22~23	24~25
33	足围		28~29	31~32
34	全裆长 / 前后裆长		63	66
35	前裆弧长		28.5	29
36	后裆弧长		34.5	37
37	上裆长		24.5~25	27
38	下裆长		68	75

备注项：姓名_____ 性别_____ 年龄_____ 职业_____ 日期_____

参考文献

［1］ 包铭新.近代中国男装实录.上海：东华大学出版社，2008.

［2］ 王兴平，王兴黎.服装工业打板技术全编.上海：上海文化出版社，2008.

［3］ 娄明朗.最新服装制版技术.第2版.上海：上海科技出版社，2011.

［4］ 刘建萍.图解服装身型打板技术.北京：化学工业出版社，2010.

［5］ 严建云，郭东梅.服装结构设计与缝制工艺基础.上海：东华大学出版社，2012.

［6］ 张雨，戴璐.服装结构设计.黑龙江：哈尔滨工程大学出版社，2010.

［7］ 周少华.实现设计—平面构成与服装设计应用.北京：中国纺织出版社，2012.

［8］ 王永健，廖小丽.女装结构设计与纸样.北京：北京师范大学出版社，2010.

［9］ 金树东，王小红.服装版型设计新法—非立体裁表皮法.上海：上海科技出版社，2013.

［10］ 刘建智.服装结构原理与原型工业制版.北京：中国纺织出版社，2009.

［11］ 刘瑞璞.女装设计原理与技巧.第2版.北京：中国纺织出版社，2001.

［12］ 王燕珍.服装结构设计.上海：东华大学出版社，2010.

［13］ 张向辉，于晓坤.女装结构设计.上海：东华大学出版社，2009.

［14］ 张文斌.服装基础制版.上海：东华大学出版社，2008.

［15］ 肖祠深.服装纸样实战技术.上海：东华大学出版社，2016.

［16］ 王建萍.女装结构设计.上海：东华大学出版社，2010.

［17］ 吴世椿.欧美女装打板技法大全.上海：上海文化出版社，2005.

［18］ 罗应江，罗林.现代服装经典版型设计.北京：中国轻工业出版社，2012.

［19］ 张孝宠，桂仁义.服装打板技术全编.上海：上海文化出版社，2005.

［20］ 张华，范毓麟.服装结构设计与制版.上海：上海交通大学出版社，2004.

［21］ 李莉莎，郭思达.女装结构设计（理论篇）.北京：中国纺织出版社，2015.

［22］ 向东.服装创意结构设计与制版.北京：中国纺织出版社，2005.

［23］ 刘霄.女装工业纸样设计原理与应用.第3版.上海：东华大学出版社，2013.

［24］ 朱琴娟，王燕春.衣领造型与裁剪.上海：东华大学出版社，2014.

［25］ 柴丽芳，李彩云.女装结构设计.上海：东华大学出版社，2016.

［26］ 袁惠芬，陈明艳.服装构成原理.北京：北京理工大学出版社，2010.

［27］ 郭东梅.图解服装纸样设计女装系列.北京：中国纺织出版社，2015.

［28］ 尤珈.意大利立体裁剪.北京：中国纺织出版社，2006.

［29］ （日）中泽愈.人体与服装.袁观洛，译.北京：中国纺织出版社，2001.

［30］ （日）小野喜代司.日本女式成衣制版原理.王璐，赵明等，译.中国青年出版社，2012.

［31］ （英）安妮特·费舍尔.服装设计元素：结构和工艺.刘莉，译.北京：中国纺织出版社，2012.

［32］ 海伦·约瑟夫·阿姆斯特朗.高级服装结构设计与纸样.王建萍，译.上海：东华大学出版，2013.

［33］ （英）帕特·帕瑞斯.欧洲服装纸样设计：立体造型·样板技术.杨子田译.北京：中国纺织出版社，2015.

［34］ （英）威尼弗雷德·奥尔德里奇.面料 立裁 纸样.张浩，郑嵘，译.中国纺织出版社，2001.

［35］ 陈红霞.美国立体裁剪与打版实例上衣篇.北京：化学工业出版社，2016.